大数据安全治理与防范

——流量反欺诈实战

张凯　周鹏飞　等著

人民邮电出版社

北　京

U0280429

图书在版编目（CIP）数据

大数据安全治理与防范. 流量反欺诈实战 / 张凯等
著. -- 北京：人民邮电出版社，2023.11
ISBN 978-7-115-62560-1

Ⅰ. ①大… Ⅱ. ①张… Ⅲ. ①数据处理－安全技术
Ⅳ. ①TP274

中国国家版本馆CIP数据核字(2023)第157313号

内 容 提 要

　　互联网的快速发展方便用户传递和获取信息，也催生了大量线上的犯罪活动。在互联网流量中，黑灰产通过多种欺诈工具和手段来牟取暴利，包括流量前期的推广结算欺诈、注册欺诈和登录欺诈，流量中期的"薅羊毛"欺诈、刷量欺诈和引流欺诈，流量后期的电信诈骗、资源变现欺诈等。这些流量欺诈行为给互联网用户和平台方造成了巨大的利益损失，因此为了保护互联网平台健康发展和用户上网安全，必须加大对欺诈流量的打击力度。

　　本书主要介绍恶意流量的欺诈手段和对抗技术，分为 5 个部分，共 12 章。针对流量反欺诈这一领域，先讲解流量安全基础；再基于流量风险洞察，讲解典型流量欺诈手段及其危害；接着从流量数据治理层面，讲解基础数据形态、数据治理和特征工程；然后重点从设备指纹、人机验证、规则引擎、机器学习对抗、复杂网络对抗、多模态集成对抗和新型对抗等方面，讲解流量反欺诈技术；最后通过运营体系与知识情报来迭代和优化流量反欺诈方案。本书将理论与实践相结合，能帮助读者了解和掌握流量反欺诈相关知识体系，也能帮助读者培养从 0 到 1 搭建流量反欺诈体系的能力。无论是信息安全从业人员，还是有意在大数据安全方向发展的高校学生，都会在阅读中受益匪浅。

◆ 著　　　　　张　凯　周鹏飞　等
　　责任编辑　傅道坤
　　责任印制　王　郁　胡　南

◆ 人民邮电出版社出版发行　　　北京市丰台区成寿寺路 11 号
　　邮编　100164　电子邮件　315@ptpress.com.cn
　　网址　https://www.ptpress.com.cn
　　北京市艺辉印刷有限公司印刷

◆ 开本：800×1000　1/16
　　印张：13　　　　　　　　　　　　2023 年 11 月第 1 版
　　字数：252 千字　　　　　　　2023 年 11 月北京第 1 次印刷

定价：79.80 元

读者服务热线：(010)81055410　印装质量热线：(010)81055316
反盗版热线：(010)81055315
广告经营许可证：京东市监广登字 20170147 号

作者简介

张凯，现任腾讯专家工程师。一直从事大数据安全方面的工作，积累了 10 多年的黑灰产对抗经验，主要参与过游戏安全对抗、业务防刷、金融风控和反诈骗对抗系统等项目。

周鹏飞，现任腾讯高级工程师。主要从事大数据安全方面的工作，积累了多年黑灰产对抗经验，参与过游戏安全对抗、金融风控、业务防刷、广告反作弊、电信反诈和风险情报等项目。

杨泽，现任腾讯研究员。主要从事金融风控、黑灰产对抗等业务安全工作。

郝立扬，现任腾讯研究员。主要从事反诈骗、反赌博等业务安全工作。

熊奇，现任腾讯专家工程师。一直从事业务安全方面的工作，先后参与过反诈骗、App安全、金融反诈、安全大数据合规与业务风控等项目，积累了 15 年的黑灰产对抗和安全系统架构的经验。

前　言

作为第一批参与到反欺诈社会治理的安全团队，2022 年我们整合了团队 10 年反欺诈技术体系及实战经验，于 2023 年 1 月出版了《大数据安全治理与防范——反欺诈体系建设》。该书一经推出便受到广泛好评，但由于该书作为大数据安全反欺诈体系的入门教材，内容着力于基础概念与通用方法，因此无法覆盖具体领域的一些问题，如流量安全、网址安全等，因此我们进一步策划了系列书《大数据安全治理与防范——流量反欺诈实战》和《大数据安全治理与防范——网址反欺诈实战》。

作为一本流量反欺诈领域的实战图书，本书详细介绍了流量反欺诈实战中的对抗技术与细节，帮助读者掌握流量安全相关的理论基础知识，积累技术应用与实战经验。

本书分为 5 个部分，共 12 章。第 1 部分介绍互联网流量的发展历程、大数据时代的流量欺诈问题、流量反欺诈挑战以及流量反欺诈系统的架构；第 2 部分介绍流量欺诈手段及其危害；第 3 部分介绍流量数据治理和特征工程；第 4 部分介绍流量反欺诈实战中的基础技术和对抗方案；第 5 部分介绍运营体系和知识情报挖掘与应用。

流量反欺诈是大数据安全中一个重要的方向。能顺利完成相关技术和体系的总结和梳理，这要归功于团队协作的力量。除了两位主要作者，以下 3 位作者也深度参与了本书的撰写。

- 杨泽撰写了第 3 章"流量数据治理和特征工程"、第 7 章"机器学习对抗方案"、第 9 章"多模态集成对抗方案"、第 10 章"新型对抗方案"和第 11 章"运营体系"。

- 郝立扬撰写了第 2 章"流量欺诈手段及其危害"、第 4 章"设备指纹技术"和第 12 章"知识情报挖掘与应用"。

- 熊奇为本书的写作主题、方向和内容提供了建设性的指导。

在稿件完成之际，有特别多想感谢的朋友。李宁从项目的角度，为本书的写作流程、资源和后期事项提供了强力的支持。蔡超维从反欺诈行业和技术落地角度，结合多年的实战经验给出了诸多建设性的修改意见。也感谢人民邮电出版社编辑单瑞婷全程支持本书的出版工作。

　　虽然在写作过程中，我们尽最大努力保证内容的完整性与准确性。但由于写作水平有限，书中难免存在疏忽与不足之处，恳请读者批评指正。此外，本系列图书中还有针对网址反欺诈领域的《大数据安全治理与防范——网址反欺诈实战》一书，读者可一同参考阅读。

资源与支持

资源获取

本书提供如下资源：

- 本书思维导图；

- 异步社区 7 天 VIP 会员。

要获得以上资源，您可以扫描下方二维码，根据指引领取。

提交勘误

作者和编辑尽最大努力来确保书中内容的准确性，但难免会存在疏漏。欢迎您将发现的问题反馈给我们，帮助我们提升图书的质量。

当您发现错误时，请登录异步社区（https://www.epubit.com），按书名搜索，进入本书页面，点击"发表勘误"，输入勘误信息，点击"提交勘误"按钮即可（见下图）。本书的作者和编辑会对您提交的勘误进行审核，确认并接受后，您将获赠异步社区的 100 积分。积分可用于在异步社区兑换优惠券、样书或奖品。

与我们联系

我们的联系邮箱是 contact@epubit.com.cn。

如果您对本书有任何疑问或建议，请您发邮件给我们，并请在邮件标题中注明本书书名，以便我们更高效地做出反馈。

如果您有兴趣出版图书、录制教学视频，或者参与图书翻译、技术审校等工作，可以发邮件给我们。

如果您所在的学校、培训机构或企业，想批量购买本书或异步社区出版的其他图书，也可以发邮件给我们。

如果您在网上发现有针对异步社区出品图书的各种形式的盗版行为，包括对图书全部或部分内容的非授权传播，请您将怀疑有侵权行为的链接发邮件给我们。您的这一举动是对作者权益的保护，也是我们持续为您提供有价值的内容的动力之源。

关于异步社区和异步图书

"异步社区"（www.epubit.com）是由人民邮电出版社创办的 IT 专业图书社区，于 2015 年 8 月上线运营，致力于优质内容的出版和分享，为读者提供高品质的学习内容，为作译者提供专业的出版服务，实现作者与读者在线交流互动，以及传统出版与数字出版的融合发展。

"异步图书"是异步社区策划出版的精品 IT 图书的品牌，依托于人民邮电出版社在计算机图书领域 30 余年的发展与积淀。异步图书面向 IT 行业以及各行业使用 IT 技术的用户。

目　　录

第 3 部分　流量数据治理

第 4 部分　流量反欺诈技术

第 5 部分 运营体系与知识情报

第 1 部分　流量安全基础

→ 第 1 章　绪论

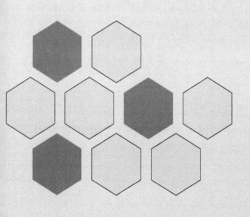

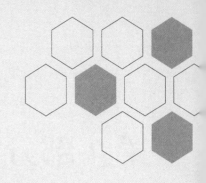

第1章
绪论

本章主要介绍流量反欺诈的相关基础知识，包括互联网流量的发展历程、大数据时代的流量欺诈问题、流量反欺诈挑战和系统架构 4 个方面，为后面章节阐述流量反欺诈的详细对抗方案作铺垫。

1.1 互联网流量的发展历程

互联网诞生于 20 世纪 60 年代，其雏形是由美国国防部构建的一个小型网络——阿帕网（Advanced Research Projects Agency Network，ARPANET），刚开始网络中的节点比较少，主要包含加利福尼亚大学洛杉矶分校、斯坦福研究院、犹他大学等节点，通过网络中节点之间的数据交换和共享，实现军方、科研机构等之间的信息互通。

由于最初的互联网是小型网络，用户量很有限，因此流量很小。但随着互联网技术的不断革新，互联网逐渐发展成为拥有巨大规模的"万物互联"的全球性共享网络，连接的终端已经不局限于 PC、平板电脑和手机，甚至智能手表、智能眼镜等智能穿戴设备也可以连接上网。全球海量用户共同加入互联网，并互动和共享信息，导致互联网流量呈现爆发式增长。互联网流量爆发不是一蹴而就的，而是经历了漫长的发展历程，这里主要从中国互联网流量发展的角度进行具体阐述。根据中国互联网流量规模的不断扩大，可以将中国互联网流量的发展历程分为 PC 互联网时代、移动互联网时代、云计算和大数据时代 3 个阶段，中国互联网流量的发展历程如图 1.1 所示。

中国互联网流量发展的 3 个阶段具有不同的特点。

- PC 互联网时代：流量的载体以网站、PC 客户端软件为主，交互模式主要是用户搜索和浏览，整体数据量相对较小。PC 互联网时代的流量欺诈问题主要集中在传统的基础安全上，如恶意软件、漏洞挖掘和钓鱼木马等。

- 移动互联网时代：流量的载体以网站、App 为主，交互模式更多是用户参与互动，所以数据量呈现爆发式增长。移动互联网时代的业务形态多种多样，业务场景也非常丰富，所以流量欺诈问题层出不穷，如推广结算欺诈、"薅羊毛"欺诈、电信诈骗等。

- 云计算和大数据时代：出现了公众号和小程序等新型流量载体，更有短视频等应用的快速发展，给用户更多参与互动和创作的入口和更低的门槛，致使数据量持续快速增长。同时在流量欺诈中，也出现了更便利的云端黑产工具，如云挂机、云控等。

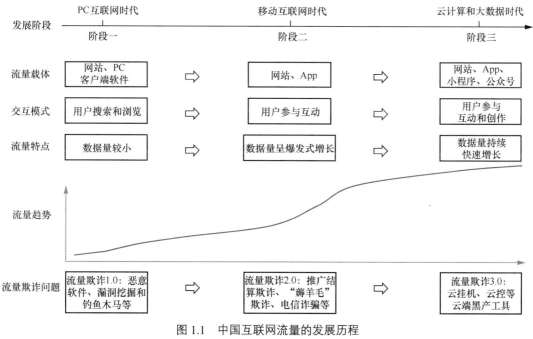

图 1.1　中国互联网流量的发展历程

下文将详细阐述中国互联网流量发展历程中 3 个重要阶段的流量特点和流量安全问题。

1.1.1　PC 互联网时代

互联网流量发展的第一个重要阶段是 PC 互联网时代。该阶段的主要流量载体是各类门户网站，如腾讯、百度、搜狐和网易等。用户主要通过搜索和浏览获取信息、进行单向互动，PC 互联网时代的交互模式如图 1.2 所示，这种交互模式降低了信息的获取门槛，提升了信息传播的效率。但该阶段用户的互动程度还不高，用户很少能深度参与到互联网内容的创作中，产生的数据形态主要以文本数据为主，也有少量的图像数据。另外，这个阶段中国互联网的普及度不高，因此流量的整体规模也比较小。该阶段的流量欺诈问题，主要是恶意软件、漏洞挖掘等基础安全问题。

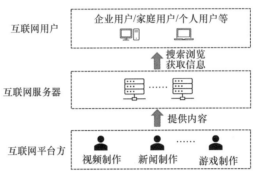

图 1.2　PC 互联网时代的交互模式

从高用户渗透率的变化来看，PC 互联网时代的互联网产品演变主要经历了 3 个关键节点，如图 1.3 所示。搜索引擎是 PC 互联网时代的基础设施，连接了人与信息，所以率先达到高用户渗透率的产品是百度等搜索引擎门户网站，这类产品成为互联网流量的第一入口；然后在基础设施比较完善后，开始进入连接人与人的关键节点，微博、QQ 等社交娱乐产品进入了高用户渗透率产品的行列；最后是连接人与商品的关键节点，以淘宝和京东等为代表的电子商务门户网站，开始进入高用户渗透率产品的行列。

图 1.3　PC 互联网时代的互联网产品演变的 3 个关键节点

1.1.2　移动互联网时代

随着 3G（第三代移动通信技术）网络和智能手机的普及，数据高速传输有了更好的支撑，互联网流量发展迎来了第二个重要阶段——移动互联网时代。该阶段出现的重要产品，有些是从 PC 端迁移到了移动端，如 QQ、淘宝、京东、百度等。随着时代的进步，一些具有代表性的新产品应运而生，如微信、美团、拼多多和抖音等。流量载体相比第一阶段新增了移动端 App，用户不再是与平台进行单向互动，用户可以根据个人喜好，随时随地分享自己的生活和工作，与平台形成了双向互动。移动互联网时代的交互模式如图 1.4 所示，用户在互动中产生大量的用户生成内容（user generated content，UGC）和专业生产内容（professionally generated content，PGC），互联网流量呈现爆炸式增长。该阶段的用户产生的数据形态主要以图文数据为主，还有少量的语音和视频数据。该阶段的流量欺诈问题主要是推广结算欺诈、"薅羊毛"欺诈、电信诈骗和支付欺诈等业务欺诈问题。

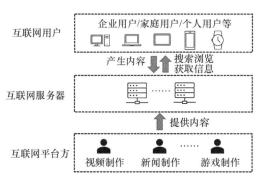

图 1.4　移动互联网时代的交互模式

从高用户渗透率的变化来看，移动互联网时代的互联网产品演变主要经历了 3 个关键节点，如图 1.5 所示。区别于 PC 互联网时代，该阶段率先达到高用户渗透率的产品是社交、长视频、音乐和游戏等社交娱乐产品，其中社交产品取代了搜索引擎，成为移动互联网时代流量的第一入口；然后，电子商务从 PC 端迁移到移动端，也得到了进一步发展，进入了高用户渗透率产品的行列，其中具有代表性的是淘宝、京东、拼多多等产品；最后是在社交娱乐和电子商务这两大板块之外的其他细分领域，如外卖、导航和旅行等细分领域产品，也进入了高用户渗透率产品的行列。

图 1.5　移动互联网时代的互联网产品演变的 3 个关键节点

1.1.3　云计算和大数据时代

随着云计算等相关技术的发展，互联网业务海量数据的存储、计算和应用成为可能，互联网流量发展迎来了第三个重要阶段——云计算和大数据时代。云计算和大数据时代的互联网产品演变主要经历了 3 个关键节点,如图 1.6 所示。该阶段各关键节点主要出现了直播、短视频、线上会议、在线教育等领域的产品,流量载体相比前两个阶段新增了小程序和公众号。该阶段的用户不只是简单的互动,而是根据个人爱好或者出于盈利目的,用户通过自主创作内容,深度参与到互联网的互动中,从而产生海量数据,数据规模持续增长。该阶段产生的数据形态除了图文数据,还有语音和视频数据,而语音和视频数据规模也达到了前所未有的高度,真正迎来了互联网的大数据时代。该阶段的流量欺诈问题除了有推广结算欺诈、"薅羊毛"欺诈和电信诈骗等移动互联网时代已有的业务欺诈问题,伴随着云业务的发展,还出现了云挂机和云控等新型欺诈问题,下文详细介绍大数据时代的流量欺诈问题。

图 1.6 云计算和大数据时代的互联网产品演变的 3 个关键节点

1.2 大数据时代的流量欺诈问题

大数据时代的互联网流量不仅规模庞大而且纷繁复杂,伴随而来的是各种类型的黑灰产欺诈问题。流量欺诈问题贯穿了 App 整个生命周期,大数据时代的流量欺诈问题如图 1.7 所示。

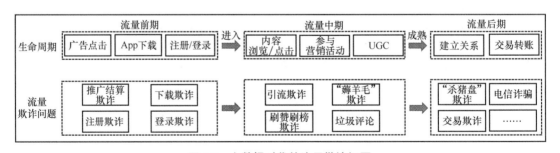

图 1.7 大数据时代的流量欺诈问题

下文将从流量前期、中期和后期的视角,介绍流量欺诈问题。有关流量欺诈的具体手段及其危害,请读者参阅第 2 章。

1．流量前期的欺诈问题

流量前期主要涉及广告点击、App 下载、账号注册、账号登录这 4 个环节。流量前期产生的流量欺诈问题主要是推广结算欺诈、下载欺诈、注册欺诈、登录欺诈等。

2．流量中期的欺诈问题

流量中期主要涉及用户进入 App 后的用户行为，如内容浏览、点击、评论、参与营销活动、传播引流 URL 等。流量中期产生的流量欺诈问题主要是引流欺诈、"薅羊毛"欺诈、刷赞刷榜欺诈、垃圾评论等。

3．流量后期的欺诈问题

流量后期主要涉及人与人之间的社交关系建立和交易转账等环节，流量后期产生的流量欺诈问题主要是"杀猪盘"、电信诈骗、交易欺诈等。

1.3 大数据时代的流量反欺诈挑战

反欺诈面临的挑战是全方位的。从高维视角分析，大数据时代的流量反欺诈主要涉及监管层面、行业层面和业务层面的多重挑战，如图 1.8 所示。

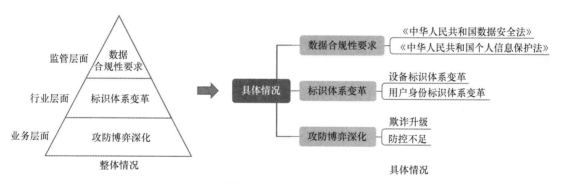

图 1.8 大数据时代流量反欺诈的多重挑战

1.3.1 监管层面

监管层面主要是监管和数据合规性的要求。近年来，随着用户隐私数据保护和个人信息权益保护等方面的要求越来越严格，国家相继出台了《中华人民共和国数据安全法》和《中华人民共和国个人信息保护法》等法律法规。在 App 数据采集和数据合规越发严格的情况下，数据合规成为大数据治理的第一要务。大数据的反欺诈识别，一定是在充分保护用户隐私和合法授权的数据基础上进行建模，对流量反欺诈体系建设提出了更高标准的要求。

1.3.2 行业层面

行业层面主要面临的挑战是来自反欺诈标识体系的变革，具体可以分为设备标识体系变革和用户身份标识体系变革两方面。

1. 设备标识体系变革

设备标识作为流量反欺诈的核心要素之一，原有的移动终端和操作系统主导的设备标识体系已不再适用，取而代之的是国内各大厂商构建的去中心化的开放匿名设备标识符（Open Anonymous Device Identifier，OAID）设备标识体系，而新的 OAID 设备标识体系无法对设备指纹进行验证校准，也无法验证真伪。

2. 用户身份标识体系变革

行业常用的用户身份标识体系是国际移动用户标志（International Mobile Subscriber Identity，IMSI），而 IMSI 也因为操作系统的升级而被禁止获取，所以在某些流量场景下无法进行身份验证和流量欺诈检测。

1.3.3 业务层面

业务层面主要面临的挑战是攻防博弈深化，具体可以分为欺诈升级和业务防控不足两方面。

1. 欺诈升级

- 欺诈手法变化多端。例如在风险设备使用层面，黑灰产从假机假用户行为开始，利用模拟器进行流量欺诈；然后为了绕过业务方的风控检测，逐渐演变为通过真机假用户行为，利用群控进行欺诈；最后又升级为真机真用户假动机行为，通过众包平台给普通用户派发兼职任务来实施流量欺诈，大幅度提高了业务方的风控难度。

- 欺诈技术专业化。黑灰产从最开始的"单兵作战"，逐渐升级为有组织、有分工的"团伙作战"，并形成了专业化的黑灰产产业链，如图 1.9 所示。黑灰产也早已用上了最前沿的 AI 技术，欺诈的效率更高、隐匿性更强。但凡业务存在未知漏洞，黑灰产团伙就会闻风而来，利用漏洞实施欺诈，在极短时间内使业务遭受严重损失，等业务方发现时，黑灰产团队早已离开。

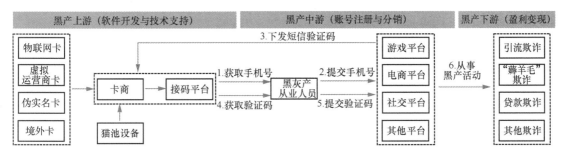

图 1.9 专业化的黑灰产产业链

- 欺诈向国外转移。随着国内开展断卡和断号等严打黑灰产欺诈的行动，黑灰产开始逐步由国内转移到国外，跨国欺诈日益发展，如跨境赌博、跨境洗钱和跨境"杀猪盘"等。

2. 业务防控不足

- 防控手段单一。业务方仅依靠简单的风险名单或者人工规则进行单点对抗，缺乏从事前、事中到事后全流程的反欺诈系统架构。

- 防控滞后。由于黑灰产欺诈手法的隐匿性强、变化快，获取未知欺诈手法样本容易滞后，从而导致构建的有监督模型只能识别出已知欺诈类型，对未知欺诈类型的识别存在盲区。

- 孤身作战。黑灰产欺诈团伙为了获利，不会放过任何有利可图的机会，通常会利用有限的黑灰产资源在各业务平台连续作恶。但业务防控未能形成有效的跨行业联防联控，防控效果差。

1.4 流量反欺诈系统的架构

针对大数据时代的流量反欺诈挑战，接下来重点从流量反欺诈方案的演变历程和当前大数据时代反欺诈系统的架构两方面进行具体阐述。

1.4.1 流量反欺诈方案的演变历程

流量反欺诈方案的历史演变过程如图 1.10 所示，主要经历了 PC 互联网时代的专家规则对抗方案、移动互联网时代的机器学习对抗方案和深度学习对抗方案，以及云计算和大数据时代的复杂网络对抗方案和跨行业联防联控方案，随着时代的发展，这些对抗方案的对抗效果也在不断提升。

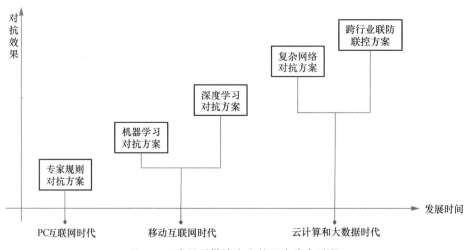

图 1.10　流量反欺诈方案的历史演变过程

1．PC 互联网时代

在 PC 互联网时代，黑灰产的欺诈手法较简单，基于专家规则的对抗方案就可以取得比较好的效果。该方案的对抗过程主要是基于专家经验，通过数据分析欺诈案例，人工提取出简单规则，再结合风险名单一起使用。该对抗方案的优点是简单易用，可解释性强，缺点是只能识别出比较明显的黑灰产欺诈手法，且人工提取成本高。

2．移动互联网时代

在移动互联网时代前期，随着互联网流量的爆炸式增长，业务特征信息越来越丰富。同时机器学习算法逐渐成熟，开始广泛应用于流量反欺诈领域。机器学习对抗方案的构建过程主要是结合业务特征信息，在黑白样本训练集上学习黑灰产欺诈范式，然后再泛化到线上进行欺诈检测。该对抗方案的优点是可以识别出复杂和隐匿性强的流量欺诈，缺点是可解释性弱、检测未知欺诈类型的结果滞后。

在移动互联网时代中期，随着图像、语音和视频等多模态数据的大量产生，传统特征提取方式的效率和效果都比较差。因为深度学习在对图像、语音和视频等多模态数据的特征提取方面具有独特的优势，学习能力更强、提取效率更高而且效果也更好，所以该对抗方案在流量反欺诈领域被广泛应用。

3．云计算和大数据时代

在云计算和大数据时代，随着算力和存储能力的提升，可以很好地支撑复杂大模型，于是迎来了复杂网络大模型的发展。复杂网络对抗方案主要是基于海量的关系数据，利用节点与节点之间的结构信息和节点属性特征信息，从整体角度识别黑灰产欺诈行为。该对抗方案的优点是可以提升覆盖能力，还能主动发现未知欺诈类型，缺点是计算量大，资源开销成本高。

同时，随着各行各业的业务逐渐上云，以及联邦学习等新型对抗方案的诞生，跨行业的联防联控方案可以以低成本落地。这种新型对抗方案从行业共治的角度出发，可以有效地对黑灰产进行升维打击，大幅度提高黑灰产的作恶成本。

在互联网流量发展的各个阶段，随着人工智能技术的发展，流量反欺诈方案也在不断演进，每个阶段都有符合该阶段特点的新的流量反欺诈方案出现，但并非淘汰旧的方案。面对变化多端的黑灰产欺诈手段，反欺诈需要同时结合多种对抗手段，形成体系化的对抗方案，才能更好应对大数据时代流量反欺诈面临的多重挑战。

1.4.2　流量反欺诈系统的架构

根据大数据时代的互联网流量欺诈特点，结合人工智能发展的最新技术，形成了大数据时代流量反欺诈系统的架构，如图 1.11 所示。

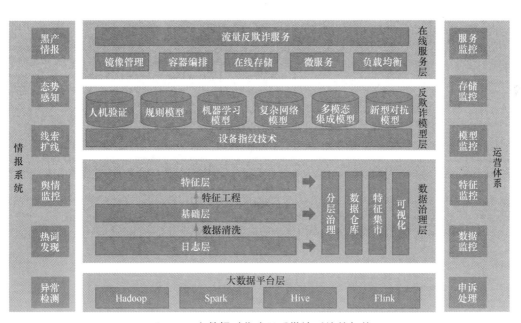

图 1.11　大数据时代流量反欺诈系统的架构

大数据时代的流量反欺诈系统的架构自底向上主要分为4层：大数据平台层、数据治理层、反欺诈模型层和在线服务层，而情报系统和运营体系服务于整个流量反欺诈系统的架构。流量反欺诈系统架构各部分的功能具体介绍如下。

1. 大数据平台层

大数据平台层作为底层平台和框架，支撑着大数据时代海量互联网流量数据的存储和计算，主要包括大数据存储和计算基础平台（Hadoop 和 Spark 等）、分布式数据仓库（Hive 和 Presto 等）和流数据处理框架（Flink 和 Storm 等）。

2. 数据治理层

数据治理层的核心要点是要首先确认使用的数据是经过用户合理授权的；然后是针对隐私数据和日志数据进行加密、隔离存储，保证数据安全性；最后主要是针对流量的原始日志数据，统一进行数据清洗、加工和管理，提升数据质量。由于原始日志数据来自业务各场景，因此存在字段格式不统一、命名不规范和数据"脏乱差"等各种问题。数据治理层通过数据清洗等方式将原始日志数据处理为规范化的基础层数据，然后再通过特征工程构建出流量反欺诈建模所需的高质量画像特征。

3. 反欺诈模型层

反欺诈模型层主要是基于数据治理得到的画像特征数据，利用人工智能技术训练各种流量反欺诈模型，从而识别业务流量风险，流量反欺诈模型如图 1.12 所示，贯穿业务平台流量的整个生命周期。其中，在流量前期，以人机验证作为第一道安全防线识别潜在风险，然后以规则模型作为第二道安全防线，进一步识别较明显的黑灰产欺诈行为；在流量中期和后期，基于机器学习模型、复杂网络模型和多模态集成模型识别隐匿性更强、对抗更激烈的黑灰产欺诈行为，最后再利用新型对抗模型解决流量欺诈场景中的特殊情况。

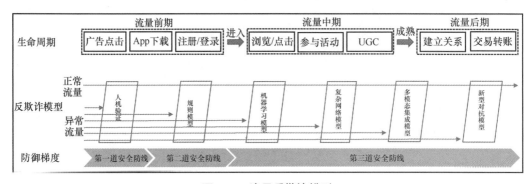

图 1.12 流量反欺诈模型

另外，设备指纹技术是互联网业务中用户身份的唯一标识，也是流量反欺诈的基础服务设施，覆盖了流量的整个生命周期。因为反欺诈模型均是在设备指纹技术的基础上进一步构建起来的，所以掌握设备指纹技术是不可或缺的基础能力。

4．在线服务层

在线服务层是流量反欺诈的输出层，以 API 接口的方式直接服务于各种业务流量场景，主要包括镜像管理、容器编排、在线存储、微服务和负载均衡等模块，可以根据业务流量请求规模进行弹性扩容，支持百亿级的并发访问，同时还保持服务的稳定性和可靠性。

5．运营体系

运营体系主要包括服务监控、存储监控、特征监控、数据监控、模型监控等核心模块，通过这些模块进行各类指标的监控和运营管理，保障反欺诈系统的稳定和健康运行。此外，运营体系还包括申诉处理模块，该模块为反欺诈系统可能涉及的风险误判建立用户反馈和处理通道，保障用户的正常权益。

6．情报系统

情报系统是流量反欺诈系统的一双"眼睛"，一方面，通过大数据分析，情报系统可以感知黑灰产的对抗变化，用来评估安全对抗效果；另一方面，情报系统也负责主动捕捉全网最新的黑灰产动态，为风控人员提供黑灰产欺诈手法、欺诈工具和交易暗网等最新情报信息，增强风控人员对黑灰产趋势变化的感知能力。

1.5　小结

本章主要介绍了流量反欺诈的相关背景、遇到的问题、面临的挑战以及解决方案。首先，介绍了互联网流量发展经历的 3 个阶段和各阶段不同的流量欺诈问题；接着，以当前大数据时代的流量欺诈问题为重点，详细介绍了贯穿整个 App 生命周期的流量欺诈问题；然后，基于大数据时代的流量欺诈问题，引出当前反欺诈面临的监管层面、行业层面和业务层面的多重挑战；最后针对大数据时代流量欺诈的问题和挑战，介绍了当前流量反欺诈系统的整体架构。

第 2 部分　流量风险洞察

→　第 2 章　流量欺诈手段及其危害

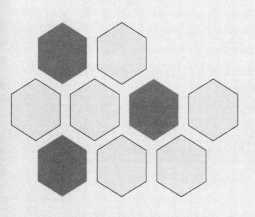

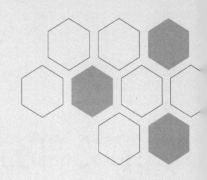

第2章
流量欺诈手段及其危害

随着移动互联网的快速发展，常见的用户需求可以通过不同的互联网平台实现，如在电商平台购物、在内容平台看视频、在社交平台聊天以及在游戏平台娱乐等。用户作为平台流量的组成部分，在用户使用平台的过程中会涉及注册平台账号、登录账号、参与活动、付费使用等行为。为了获得大量用户流量，平台往往会在各个渠道大力推广，策划丰富的福利活动来吸引用户，同时也给黑灰产创造了牟利空间。

用户与平台交互过程中的流量行为路径可分为流量前期、中期和后期。在流量前期，核心场景是通过广告投放触达用户，用户下载 App 后注册账号，然后登录账号；在流量中期，用户开始产生用户行为，如浏览、点击、搜索、分享和参与平台营销活动等，同时也会生成多种 UGC，如文本、图像、音视频等；在流量后期，用户在深度参与并产生社交行为后，会产生相关的社交行为和交易行为。一个 App 用户流量的典型行为路径过程如图 2.1所示。

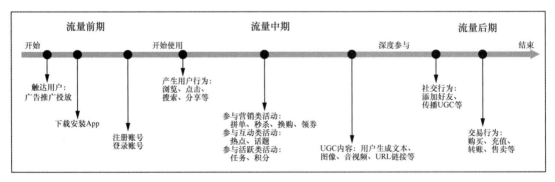

图 2.1　一个 App 用户流量的典型行为路径过程

在流量周期中的各个环节，依附于不同的平台流量交互方式，黑灰产借助相应工具也使出了不同的欺诈手段。流量不同周期阶段的典型欺诈手段如图 2.2 所示。

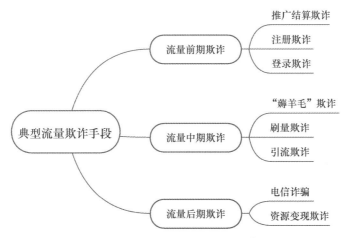

图 2.2　流量不同周期阶段的典型欺诈手段

关于黑灰产欺诈的基础概念和常见工具，读者可参阅本系列丛书《大数据安全治理与防范——反欺诈体系建设》中的第 2 部分。本章重点针对流量不同时期的几种典型流量欺诈手段进行介绍，包括推广阶段欺诈、注册欺诈、登录欺诈、"薅羊毛"欺诈、刷量欺诈、引流欺诈、电信诈骗和资源变现欺诈等，以及对不同时期的欺诈难度和欺诈收益进行分析。

2.1　流量前期欺诈

本节将介绍在流量活动的前期，黑灰产在通过广告投放触达用户、用户注册账号和登录账号过程中产生的典型欺诈行为，如推广结算欺诈、注册欺诈和登录欺诈等。

2.1.1　推广结算欺诈

在流量前期时，广告推广结算过程中的欺诈行为主要存在于广告主和广告服务流量平台中。推广结算欺诈具有多种危害，如增加广告主的获客成本、扰乱流量平台的生态秩序以及黑灰产利用虚假流量欺诈用户等。下面首先介绍广告推广投放的基本流程。

广告推广投放的基本流程如图 2.3 所示，主要流程为广告主产生广告投放需求，经过流量主的渠道投放、展示广告，从而触达到潜在受众群体，流量主获得流量变现利益，而广告主从潜在受众群体中受益。

首先，广告主选择广告投放的形式，如信息流（Feeds）广告、搜索引擎营销（SEM）、需求方平台（DSP）以及广告联盟等；然后，按照不同成本结算模式选择广告付费形式，如每行动成本（CPA）、每点击成本（CPC）、每千人成本（CPM）、每销售成本（CPS）等；最后，通过对广告投放指标（如曝光率、点击率、注册量、下载量和激活量等）的追踪来反馈投放推广的效果。

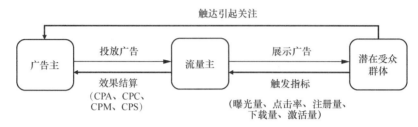

图 2.3　广告推广投放的基本流程

下面分别从 3 个不同的维度介绍推广结算欺诈的主要内容。

1. 欺诈自动化手段维度

机器欺诈和人工欺诈的特点对比如表 2.1 所示。机器欺诈主要依靠自动化脚本批量执行，短时间聚集性特征显著、易被检测，欺诈成本低；人工欺诈的核心思路是采用真人众包方式，聚集性特征较弱，欺诈行为相对隐蔽、容易绕过检测，欺诈成本高。

表 2.1　机器欺诈和人工欺诈的特点对比

特点	机器欺诈	人工欺诈
自动化程度	高	低
成本投入	低	高
聚集特征	聚集性高、容易察觉	聚集性低、相对隐蔽
对抗难度	低	高
组织形式	控制"肉鸡"设备	专业"刷手"
典型手段	劫持篡改数据、爬虫模拟行为	任务返现、网赚激励、真人众包

2. 流量真实性维度

欺诈流量主要分为虚假流量、归因作弊和非法流量 3 种。虚假流量也被称为无效流量（IVT），可分为一般无效流量（GIVT）和复杂无效流量（SIVT）两种，虚假流量直接通过刷指标来进行欺诈造假。不同渠道中虚假流量的典型存在形式如图 2.4 所示。

一般无效流量指在常规过滤方法下可以通过列表和预设参数特征识别出的流量，主要形式有 IDC 流量、简单爬虫流量、非真人行为流量等。复杂无效流量则需要通过深度分析才能识别出，如伪装用户流量、被劫持流量、虚假网站流量、伪造定位流量和无效代理流量等。

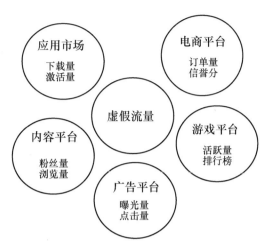

图 2.4　不同渠道中虚假流量的典型存在形式

归因作弊是一种较为复杂的欺诈方式，主要形式有点击欺诈、点击劫持、广告堆叠和安装劫持等，广告推广中的归因作弊如图 2.5 所示。归因作弊主要利用了广告投放的长周期和 LastClick 原则，将部分环节的渠道流量并入自己的渠道中进行作弊，通过造假数据，操纵投放指标，从而骗取广告主的投放费用。

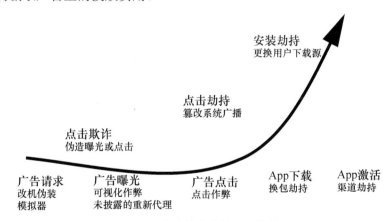

图 2.5　广告推广中的归因作弊

非法流量是流量主私自使用一些灰色手段来获取真实流量的欺诈方式，主要形式有激励任务、网赚诱骗、诱导点击下载和木马后台操作等。

3. 广告结算指标维度

在广告投放过程中，黑灰产会结合多种付费形式来进行流量欺诈。根据结算指标和获益方式，常见的推广结算欺诈方式如图 2.6 所示。

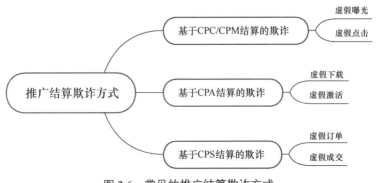

图 2.6　常见的推广结算欺诈方式

（1）基于 CPC/CPM 结算的欺诈

将 CPM 和 CPC 作为结算指标的主要欺诈方式有虚假曝光、虚假点击等。

- 虚假曝光：通过伪造访问请求流量，欺骗广告效果指标的监测代码，伪造广告投放的真实效果。例如在搭建服务器后通过自动化爬虫生成访问请求；又如在网页客户端 JavaScript 中嵌入作弊代码，通过暗弹广告、广告堆叠或者附带多次访问请求等方式来伪造流量。

- 虚假点击：主要是通过自动化脚本结合群控设备，模拟真人用户批量点击广告，或者通过猎奇内容引诱用户点击浏览，或者以任务激励诱导真人众包的形式，生成大量无效点击，导致广告主的广告投放无法达到预期效果。

（2）基于 CPA 结算的欺诈

将 CPA 作为结算指标的主要欺诈方式有虚假下载、虚假安装、虚假激活等，常见的基于 CPA 结算的作弊方式主要有如下 3 点。

- 通过模拟器和设备农场等方式更改设备信息、伪造用户身份，然后模拟用户行为进行软件下载、安装和激活操作。

- 通过破解第三方检测 SDK，不进行实际安装，而是进行虚假的下载、安装和激活操作，以此来消耗广告主预算。

- 通过静默下载、捆绑下载和换包劫持等方式，在不被用户察觉的情况下，自动下载、安装和激活某些软件。

（3）基于 CPS 结算的欺诈

将 CPS 作为结算指标的主要欺诈方式有 Cookie 植入和 HTTP 劫持用户浏览行为等。CPS

结算方式严格，相对难以作弊，而典型的基于 CPS 结算的作弊方法是基于 Cookie 植入的作弊方法，即在网站上安装特定程序，将特定网站的 Cookie 植入用户计算机中。因为广告联盟用 Cookie 来跟踪广告的投放效果，所以 Cookie 会被存放在用户的 Web 浏览器中，当用户访问特定网站并产生订单时，植入者便可以进行推广佣金分成。

黑灰产从业人员不断地嗅探流量平台，发掘其中的业务安全漏洞，然后利用漏洞实现各种恶意欺诈行为后牟利。用户通过产品推广接触到某互联网产品，然后开始使用产品，而黑灰产也随之而来。使用平台的产品可以分为注册、登录、参与营销互动和支付结算等环节，下面主要介绍两种典型流量欺诈场景下的欺诈行为。

2.1.2 注册欺诈

黑灰产从业人员在进行恶意欺诈前，首先需要获取平台账号，这是黑灰产进入平台、触达用户的"入场券"。注册欺诈是指使用虚假或非法身份信息，通过人工和自动化工具结合的方式绕过平台业务风控、批量注册平台账号且不以正常使用为目的的行为，包含小号接码注册、注册机注册、自动脚本批量注册和"人肉地推"注册等多种实现形式。通过这些非正常渠道注册的账号，黑灰产团伙可以开展诈骗、赌博、色情、"薅羊毛"和虚假流量营销等欺诈活动。注册欺诈产业链中的环节如图 2.7 所示。

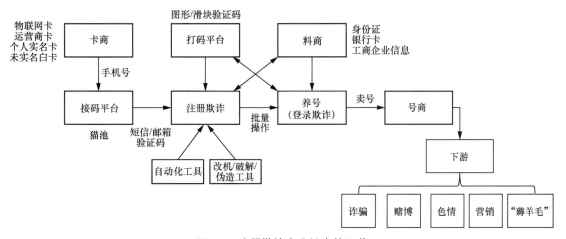

图 2.7　注册欺诈产业链中的环节

注册欺诈产业链可以分为如下 3 个部分。

- 产业链上游。上游主要为恶意注册黑灰产提供注册账号所用的信息、资料、自动化工具和技术支持，产业链上游包括卡商、接码平台、打码平台，具体环节有设备农场支持、代理 IP 支持、改机工具开发和个人信息贩卖等。

- 产业链中游。黑灰产人员基于上游提供的批量用户个人信息和手机号，实现利用接码平台获取短信验证码、利用打码平台识别图片验证码，以及利用邮箱进行认证和激活等操作，从而完成平台账号注册和养号。

- 产业链下游。下游主要为持有大量恶意注册产生的流量平台账号的多级号商，负责向其他黑灰产人员提供恶意账号，供其进行恶意欺诈，售卖某平台账号的页面截图如图 2.8 所示。

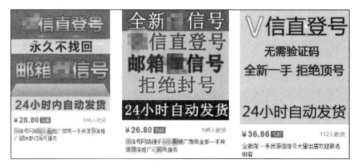

图 2.8　售卖某平台账号的页面截图

虽然各种流量平台依托活跃账户带来流量，但是恶意注册账号的主要目的是用于黑灰产活动，并未对平台起到正向收益作用，反而会扰乱平台的秩序，干扰平台的正常运作。欺诈使用的账号主要是新注册账号，账号维度信息有限、注册欺诈产业链的手段迭代迅速等都是对抗注册欺诈时会遇到的挑战。

2.1.3　登录欺诈

除了通过注册欺诈控制账号，通过登录欺诈非法窃取正常用户账号也是黑灰产获取账号资源的另一途径。登录欺诈主要包含盗号欺诈和养号欺诈。在黑灰产成功盗取账号后，一种选择是在短时间内大量作恶，压榨账号价值，直到被号主找回或者被平台检测并处置；另一种选择是养号、囤积账号，将这些账号作为进行后续其他欺诈的资源。养号欺诈产业链是注册欺诈产业链的下一个环节，而盗号欺诈流程和盗号欺诈产业链的关系如图 2.9 所示。

盗号欺诈可以归类为以下 4 种。

- 黑灰产盗号人员通过社工库、木马、病毒和钓鱼网站等方式直接获取账号和密码。

- 黑灰产盗号人员反复尝试破解得到密码，破解方式包括撞库、自动机破解等。

- 黑灰产盗号人员通过伪装成正常用户进行账号申诉，通过平台授权来修改账户密码。

- 黑灰产盗号人员通过对平台数据库进行拖库，泄露平台用户账号、密码和个人隐私等敏感信息，然后盗取用户信息进行洗库操作，同时进行欺诈变现，最后在其他平台上进行撞库操作，对其他平台上相同用户的账号进行盗号欺诈。

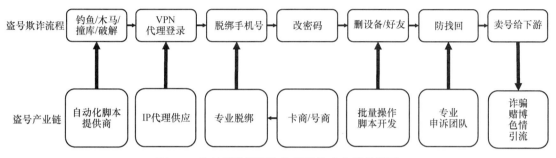

图 2.9 盗号欺诈流程和盗号欺诈产业链的关系

另外，为了避免通过注册欺诈或者盗号欺诈获得的账号长期不登录使用而被平台注销，或者掩盖异常登录的使用痕迹，黑灰产人员还会进行洗号和养号操作。养号的核心方式就是伪装正常用户的各种行为，绕过安全检测，从而使低质量小号转变为高质量、历史行为干净、自然人属性强的平台账号，然后供黑灰产进行后续其他欺诈。短视频平台养号欺诈的基本流程如图 2.10 所示。

图 2.10 短视频平台养号欺诈的基本流程

平台方为了增加自身流量，会策划很多活动来吸引用户关注、增加用户黏性，刺激用户进行消费。例如电商平台会大量举办促销、秒杀和满减等营销活动；视频平台会有低价充值会员活动；游戏平台会有点券、道具打折等增值服务活动。商家为了经营数据可观、获得平台推荐、吸引用户，也会积极参与营销活动。黑灰产会利用流量平台规则漏洞，在平台上进行活动欺诈。

2.2　流量中期欺诈

本节将介绍在流量活动的中期，黑灰产在具体使用平台的过程中的典型欺诈手段，包括"薅羊毛"欺诈和刷量欺诈等。此外，本节还会介绍用户在使用平台过程中产生的UGC，如恶意用户发布的虚假、欺诈性和侮辱性内容，重点介绍欺诈性UGC，这些欺诈性UGC绝大多数用来为流量后期欺诈进行引流，同时部分虚假性UGC也是欺诈行为的具体体现。

2.2.1　"薅羊毛"欺诈

"薅羊毛"是用户针对流量平台的营销活动，利用各种途径获得平台优惠，从而以极低价格购买到商品或增值服务的行为。平台促销的目的是拉新用户、激活老用户以及给更多活跃用户实惠，而黑灰产从业人员利用大量平台账号和自动化软件，专门寻找平台运营活动的逻辑漏洞或系统漏洞，绕过平台的限制策略，大量购买商品或优惠券，然后转手赚差价。由于大批恶意"羊毛党"流量的出现，流量平台的生态被破坏，因此影响到平台的正常用户流量和平台口碑，同时造成平台或入驻商家的经济损失。

"薅羊毛"欺诈流程如图 2.11 所示。目前"羊毛党"呈现出专业化、团队化、职业化和跨国化等特色，"薅羊毛"欺诈主要分为如下两种类型。

第一种是人工"薅羊毛"进行活动欺诈，主要依靠组织者"羊头"带领，一方面通过工具检测平台上可以获取的优惠，在社群里通知"羊毛党"，然后实施活动欺诈，有些情报群甚至需要用户付费才能参与，组织者可获取双重收益。另一方面"羊头"用情报诱导"羊毛党"作为自己的可控流量，和流量主勾结对商家实施结算推广欺诈，或者和商家勾结刷数据，从中获取平台和商家的佣金。

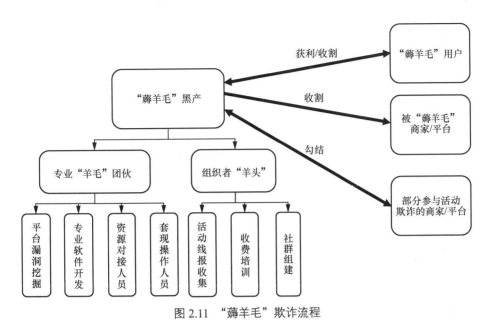

图 2.11 "薅羊毛"欺诈流程

第二种是专业"羊毛党"使用专业的"薅羊毛"软件和黑灰产工具，大规模利用平台漏洞获取平台"羊毛"，然后操纵市场价格或倒手变现。这一类活动欺诈更隐蔽、风险更大，不过收益也更高。有获利空间的营销活动就有"羊毛党"的入驻，例如抢购打车优惠券、一元抢购商品、秒杀白酒、限定球鞋、高端手机、黄金珠宝等。"羊毛党"通过低价抢购，再高价卖出，从而赚取差价。专业"羊毛党"团伙有不同角色分工：首先是线报搜集角色，负责搜集平台活动漏洞，摸底平台风控策略；其次是欺诈资源准备角色，负责对接上游资源商，进行账号、手机号、银行卡和接码打码等资源准备等；然后是开发角色，负责开发自动化脚本定制软件；最后是欺诈操作角色，在成功获取资源后，变卖资源套现，并从中获利。

2.2.2　刷量欺诈

刷量欺诈一般指利用造假手段呈现正向数据和指标，误导平台或用户后实施欺诈。刷量欺诈的具体方式包括但不限于通过虚构交易，提高特定商品或服务的销量、点击量和阅读量，以及虚构好评或差评等行为，例如在电商平台上刷商品虚假订单量、销量和虚假评价；在内容平台上刷虚假点击量、阅读量和播放量；在游戏平台上刷活跃用户等。以内容平台为例，其刷量欺诈链条如图 2.12 所示。

刷量欺诈主要包括机器刷量和真人众包两种类型，常见的刷量欺诈手法有协议挂、自动脚本、群控、众包平台和网赚任务群等。

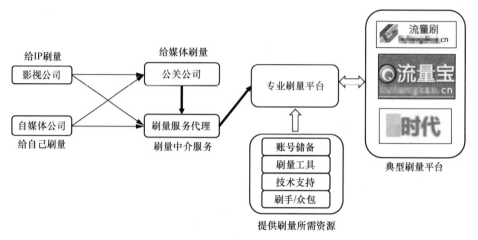

图 2.12   内容平台的刷量欺诈链条

刷单也是刷量的一种形式，主要是指由卖家付费给买家（或"刷手"），买家帮卖家通过非正常交易手段提升商品关注度、增加订单量和好评量的行为。常见的刷单欺诈链条和刷单组织结构如图 2.13 所示。刷单不仅带来流量欺诈风险，而且可能衍生出刷单欺诈等欺诈风险。

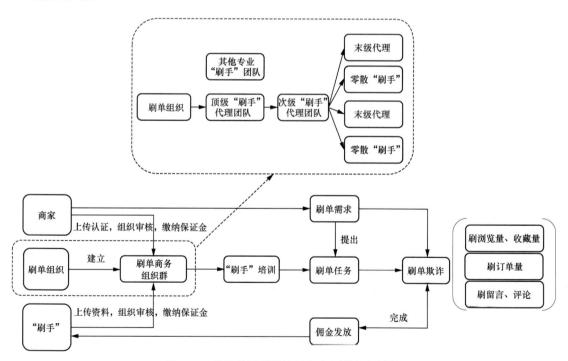

图 2.13   常见的刷单欺诈链条和刷单组织结构

2.2.3　引流欺诈

引流欺诈是黑灰产在流量欺诈中衔接中后期的必要方式,主要通过流量平台上的 UGC 入口来实现黑灰产曝光。UGC 作为用户生成的内容,是流量中极为重要的组成部分,典型的 UGC 数据格式有文本、语音、图像、视频和第三方链接等。常见的 UGC 形式有留言/评论、发帖/转发、关注/点赞、发送消息和分享链接等。

丰富的 UGC 形式不仅满足了用户多元化的需求,同时也给黑灰产提供了非常便利的曝光渠道和形式。常见的恶意 UGC 有违反国家相关法律法规的内容、色情、辱骂等对其他用户产生不良影响的内容、低质量的广告推广和营销内容、影响舆论导向的内容、引流到第三方平台进行诈骗的 URL 或 APK 内容等。典型的 UGC 数据、平台和形式如图 2.14 所示。

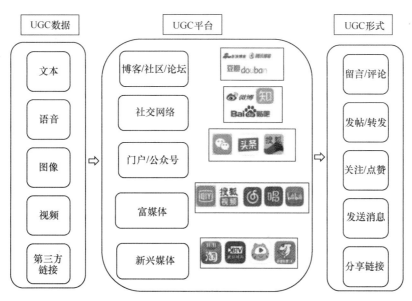

图 2.14　典型的 UGC 数据、平台和形式

从流量的角度考虑,引流是 UGC 的核心价值之一。正常的 UGC 引流主要是为了广告带货、个人交友、群体交流和商务合作等;而恶意的 UGC 主要是黑灰产通过多种途径生产并发布的欺诈性内容,从而达到恶意引流的目的,例如给各种诈骗、博彩平台和色情直播引流等。借助 UGC 进行引流欺诈的常见方式如图 2.15 所示,主要包括:通过将账号资料中的头像换成二维码,引流到外部色情直播平台;通过留言评论的文本引流到诈骗兼职平台;通过私信消息引流到色情直播平台;通过发布嵌入网址的视频内容,引流到赌博平台等。

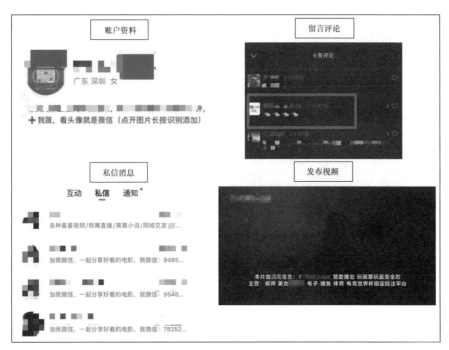

图 2.15　借助 UGC 进行引流欺诈的常见方式

通过上述案例可以看到，对流量平台来说，将引流内容嵌入发布内容中、用户主页自定义账户头像和昵称、用户修改定位地点、私信消息和评论区等都会成为发生引流欺诈的场景，而引流内容的出现主要依托于用户可接触的功能。表 2.2 展示了引流欺诈中用户可接触功能和引流场景的对应关系。

表 2.2　引流欺诈中用户可接触功能和引流场景的对应关系

流量平台的用户可接触功能	流量平台中对应的引流场景
用户发布作品内容	发布内容中内嵌引流内容（文字、图片、视频、音频等）
用户个人信息修改	个人信息（昵称、头像、定位等）等修改为引流内容
用户发送私信消息	私信内容（文本、图片等）带有引流内容
用户发表留言评论	评论内容（文本、图片等）带有引流内容
用户发送视频弹幕	视频弹幕内容作为引流内容
……	……

黑灰产通常会根据流量平台的功能特点，对实施引流欺诈的整体路径进行针对性设置。一般通过黑灰产工具批量生成引流内容，并且为了对抗平台反欺诈策略，黑灰产会采用一些行业黑话、内容畸形对抗和隐蔽嵌入对抗等手段，触达正常用户并完成引流欺诈。借助 UGC 进行引流欺诈，通常发生在用户内容发布场景和用户自定义设置场景，引流欺诈的主要表现形式如图 2.16 所示。

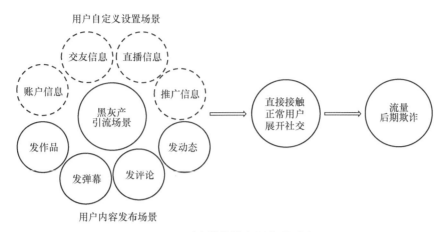

图 2.16　引流欺诈的主要表现形式

引流欺诈的主要过程为通过博人眼球的内容吸引用户感知到引流信息。例如在某短视频平台上，通过美女网红的视频吸引用户留存，用户点击进入引流账号的个人主页，黑灰产会在引流账号的个人主页中留下联系方式，然后在用户联系该引流账号后，黑灰产会通过社交软件进行后续刷单欺诈。整个引流欺诈路径可以概括为：首先平台推荐视频内容，然后吸引用户查看个人主页中的自定义简介，最后通过社交软件进行欺诈。

例如在某电商购物平台中，衣服商品主图里出现性感美女图片，促使用户点击进入商品详情页，而在商品购买评论区中会出现引流欺诈信息，用户在点击发布者主页后得到联系方式，在社交软件中添加发布者后完成引流欺诈。引流欺诈路径可以概括为：首先通过关键词搜索，然后吸引用户点击、查看评论区、个人主页，最后通过社交软件进行欺诈。

除了上述两个案例介绍的引流欺诈路径，实际流量反欺诈过程中会有很多结合产品特色的引流欺诈路径，常见的黑灰产引流欺诈路径如表 2.3 所示。

表 2.3　常见的黑灰产引流欺诈路径

引流欺诈场景	路径起点	引流路径
电竞赌博网站引流	关键词搜索	搜索有关电竞内容，用户观看视频，电竞视频内嵌网址文本，用户访问赌博网站
兼职诈骗引流	内容推荐	推荐兼职赚钱文章，用户浏览内容，文章评论区，添加联系方式
色情直播App 引流	直播功能	直播弹幕，附带网址链接，用户访问网址，下载色情直播 App，安装App
色情线下引流	附近的人	美女头像，用户访问个人主页，添加联系方式
真人众包刷量引流	发送私信	发送私信询问兼职，用户阅读私信，添加联系方式，加入刷量组织
……	……	……

随着 UGC 形式和不同流量平台功能特征的不断变化，黑灰产也在不断发掘新的引流欺诈路径。当黑灰产借助 UGC 在流量平台上对正常用户进行引流欺诈后，流量阶段进入了后期，此时黑灰产开始通过社交软件直接和正常用户进行接触。

2.3 流量后期欺诈

本节介绍在流量活动的后期会涉及的典型欺诈手段。经过流量中期欺诈性 UGC 的引流，黑灰产人员触达正常用户，开始通过社交行为与用户进行互动，最后通过电信诈骗等欺诈手段实施犯罪。此外，在流量中期的"薅羊毛"欺诈后，流量后期的黑灰产会通过一些欺诈手段将拥有的资源通过社交渠道进行出售，从而非法获利，给平台带来损失。

2.3.1 电信诈骗

黑灰产为了在流量后期进行最大化获利，通常会选择更为直接的方式骗取用户钱财。黑灰产会通过各种途径和正常用户进行直接的社交，例如伪装成用户在平台上可能产生交集的身份，或者通过多种陷阱来引诱用户上钩，诱导用户进行支付。这种黑灰产通过社交 App、电话、短信、邮件和即时通信软件等产生社交行为，从而诱导用户支付的欺诈过程被称为电信诈骗。电信诈骗主要可以分为电商购物类、仿冒角色类、金融投资类和婚恋交友类等。

一些典型的电信诈骗形式有"杀猪盘""杀鱼盘"和"杀鸟盘"等。"杀猪盘"是指黑灰产通过聊天发展感情，从而取得用户信任，随后将受害者引入赌博彩票和理财投资等诈骗平台进行充值，骗取受害者钱财；"杀鱼盘"是指黑灰产利用提高信用卡支付额度、强制开通借贷账户和贷款返现等内容吸引用户，诱导用户点击其发布的欺诈链接，套取受害者钱财；"杀鸟盘"是指黑灰产发布兼职刷单等赚钱类信息吸引用户参与，再通过话术套路鼓动受害者不断投钱，最终让受害者血本无归。黑灰产进行电信诈骗的主要步骤可以总结为：黑灰产和用户建立社交联系，然后在使用各种话术建立用户信任后，诱骗用户参与其中并投入钱财，最后转移诈骗资金完成骗取，电信诈骗的主要步骤如图 2.17 所示。

在电信诈骗中，社交行为是支付欺诈的前置手段，主要是为了骗取受害者的信任，而支付欺诈是黑灰产进行电信诈骗的最终目的，让受害者损失钱财。电信诈骗中社交行为和支付欺诈的关系如图 2.18 所示。

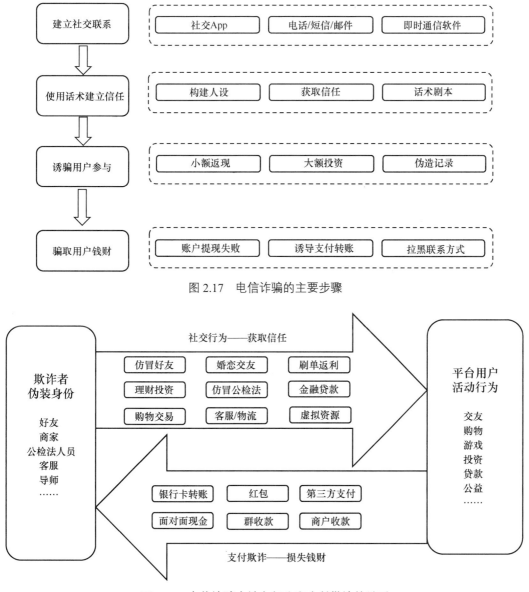

图 2.17　电信诈骗的主要步骤

图 2.18　电信诈骗中社交行为和支付欺诈的关系

2.3.2　资源变现欺诈

在流量后期，除了直接对用户进行电信诈骗，黑灰产另一个典型的牟利手段是利用"薅羊毛"欺诈和刷量欺诈获得平台资源后，进一步进行欺诈或变现。

资源变现欺诈可以分为两类：一类是对平台损害比较大，例如黑灰产通过欺诈工具"薅走"平台的券并转卖给用户，并没有给平台带来新增的活跃用户；另一类是对用户损害比较大，例如黑灰产通过不正当手段获取大量演唱会门票，再高额卖给用户，再如黑灰产通过社交渠道向用户贩卖假烟假酒，或者收款后不发货，直接骗取用户财产。常见的资源变现欺诈类型如图 2.19 所示。

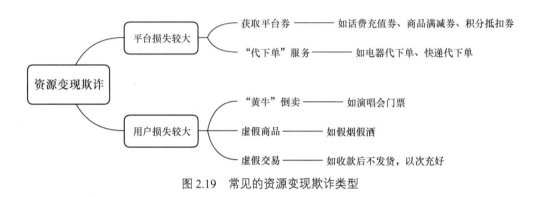

图 2.19 常见的资源变现欺诈类型

下面通过两个详细的案例来描述资源变现欺诈的详细过程。

第一个典型案例是黑灰产人员伪装成平台的"非官方代理"，出售资源从而变现获利，例如某电商平台中的"代下单"服务。"代下单"指用户不直接从平台商家处产生订单，而通过第三方下单，由第三方对接平台，第三方通常具有商家账户，可以以平台批发价调货，部分第三方也拥有其他平台的货源。黑灰产通过利用平台价格保护规则来赚取差价，给平台带来经济损失。"代下单"流程如图 2.20 所示。

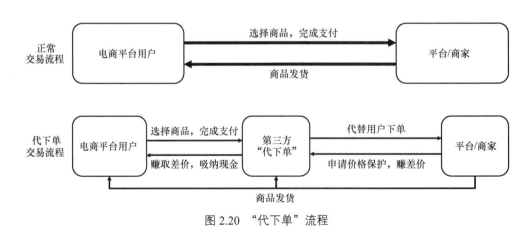

图 2.20 "代下单"流程

第二个典型案例是"黄牛"倒卖。例如,某品牌白酒长期被用户冠以"越贵越难买,越难买越贵"的评价,于是存在"黄牛"倒卖的情况,首先是"牛头"(组织者)采用真人众包方式,在任务平台上分发白酒抢购任务;然后由"肉牛"(真人众包参与者)分散参与抢购,"肉牛"抢购成功后将单号提供给"牛头"获得佣金,同时通过信用卡支付获取银行的返利和积分;接着"牛头"通过"肉牛"得到白酒资源后,勾结物流人员将白酒隐蔽囤积起来;最后"牛头"将白酒高价卖给用户,使普通用户以非常高的价格购买白酒。"黄牛"倒卖的流程如图 2.21 所示。

图 2.21 "黄牛"倒卖的流程

2.4 欺诈收益分析

在推广获客、用户注册登录、用户使用 App(产生社交行为等)和收益结算的产品全流程中,黑灰产存在于各个环节,且通过不同手段牟取利益。从欺诈收益维度分析,黑灰产在不同环节的投入成本和获得收益并不相同。从安全攻防的维度分析,理想的防御策略是通过提高黑灰产作恶的门槛,降低其收益,从而劝退黑灰产人员。

在平台流量的不同周期,黑灰产投入成本和欺诈收益差异较大。图 2.22 展示了典型欺诈手段的单次欺诈收益和投入成本的关系。流量前期的推广结算欺诈的单次欺诈收益低,但实际投入成本相对较低,而流量后期的资源变现欺诈和电信诈骗的单次欺诈收益较高,投入成本也较高。所以后期对抗黑灰产难度会加大,用到的数据维度和算法也会越来越复杂。

在流量前期,主流的治理和防范手段是设备指纹技术、人机验证和简单规则等;在流量中期,当用户进入平台并进入活跃状态后,此时治理和防范的手段需要在前期方案的基础上升级,需构建业务规则专家引擎、机器学习对抗方案和复杂网络模型等;在流量后期,需要引入多模态方案、新型对抗方案等。只要存在获利空间,黑灰产就会不断地尝试绕过,此时需要依据具体的场景问题来升级治理和防御的手段。本书后续章节将会围绕平台流量全生命周期遇到的重点问题,介绍大数据安全治理与防范的常见主流技术和对抗方案。

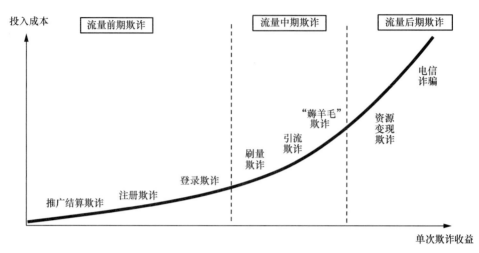

图 2.22 典型欺诈手段的单次欺诈收益和投入成本的关系

2.5 小结

本章主要介绍了流量欺诈在流量活动整个生命周期中的典型欺诈手段,包括流量前期的推广结算欺诈、注册欺诈和登录欺诈,流量中期的"薅羊毛"欺诈、刷量欺诈和引流欺诈,以及流量后期的电信诈骗和资源变现欺诈等。

无论是哪种欺诈场景,黑灰产都会充分利用业务规则漏洞,利用平台的流量完成流量变现,从而非法牟利。随着业务规则的不断优化,黑灰产欺诈手段也在不断进化,从自动化工具到真人众包进行欺诈,黑灰产工具与产业链的整合程度也在不断加深,黑灰产通过伪装成正常用户,从而绕过平台的限制规则。因此,如何有效识别欺诈流量成为平台发展中的重要问题。

第3部分　流量数据治理

→　第3章　流量数据治理和特征工程

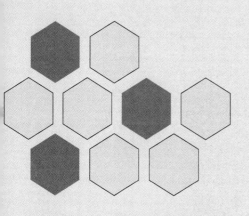

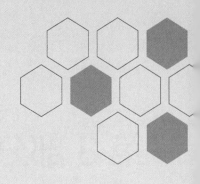

第 3 章
流量数据治理和特征工程

对于从大数据流量中识别异常流量的方案，输入的数据越丰富、质量越高，就越有利于提高欺诈流量检测的精确率和召回率。然而采集到的原始日志数据质量较差，无法直接用来训练模型，还需要对原始日志数据进行数据治理、构建特征工程，将数据处理为模型可以直接使用的特征数据后，才能用于欺诈流量的检测。

本章主要从用户行为演进的历程中所产生的流量数据出发，首先阐述基础数据形态，然后介绍数据治理的过程，最后通过特征工程生成模型可用的特征数据。关于数据治理和特征工程的基础知识可以参考本系列图书《大数据安全治理与防范——反欺诈体系建设》的第 4 章。

3.1　基础数据形态

从用户行为演进的流量历程来看，流量前期、中期和后期产生的数据如图 3.1 所示。在流量前期，用户还未进入到平台内，核心数据以身份属性、网络环境为主，如 IP、账号、设备相关参数等；在流量中期，用户开始活跃在平台的各个场景中，产生了非常丰富的行为数据、UGC 数据，如昵称、头像等个人信息，以及用户发布的文字、音频、视频内容等数据；在流量后期，用户行为以社交、交易为主，此时形成了更丰富的社交图谱信息等数据。下文将详细介绍这 3 个不同阶段的数据特点。

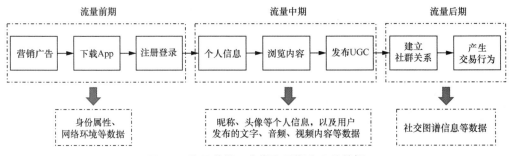

图 3.1　流量前期、中期和后期产生的数据

3.1.1　流量前期数据

流量前期指的是用户点击 App 推广广告、注册账号、下载和安装 App 等阶段。在这个阶段中，用户首先会产生网络环境数据和机器环境数据，然后会在注册账号的过程中填写用户账户基础信息。某 App 的推广和注册账号过程如图 3.2 所示。

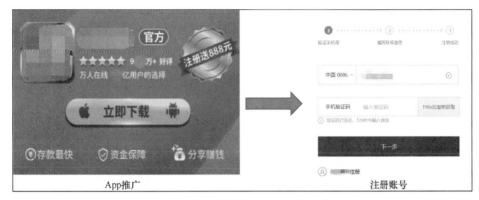

图 3.2　某 App 的推广和注册账号过程

对于欺诈流量的识别，流量前期可以利用的数据主要包括网络环境数据、机器环境数据和用户账户基础信息，具体介绍如下。

- 网络环境数据：网络环境数据是指用户所在网络环境信息，其中最常用的是 IP 地址。如果注册用户的 IP 地址是代理服务器，或者 IP 地址分布聚集异常（如多为偏远地区或境外），那么有可能是黑灰产使用的 IP 地址。

- 机器环境数据：机器环境数据是指用户所在设备的环境，包括设备软硬件和状态信息，如设备上是否运行脚本、浏览器 Cookie、GPS、温度、陀螺仪、提交注册请求的 User-Agent 等。如果设备上存在运行脚本行为或者设备上存在多个 Cookie，那么有可能是黑灰产产生的自动化行为。

- 用户账户基础信息：用户账户基础信息一方面是指用户在注册时填写的个人信息，一般多为手机号或者邮箱，另一方面是指用户在注册时填写的用户名等信息。如果注册使用的手机号为黑号、小号或是虚拟号，注册填写的用户名存在大量相似现象，那么有可能是黑灰产产生的批量注册行为。

3.1.2　流量中期数据

流量中期是指用户从进入 App 开始活动到产生社群关系的阶段，该阶段用户的活动一般比较丰富，如设置个人昵称、头像、个人简介、用户发布文字、音频、视频动态、评论其他用户发布的内容、参与活动进行点赞和留言等，从而产生了海量的 UGC。此阶段的欺诈流量主要涉及恶意引流内容的发布，黑灰产人员诱导其他用户点击其链接或者下载其他 App，从而获利。

流量中期的数据主要包括用户产生的文本数据、音频数据、图像数据、视频数据和行为数据等，具体说明如下所示。

- 文本数据：用户的昵称、个人简介、评论文字、动态话题、视频弹幕等数据均属于文本数据。图 3.3 展示了某 App 中的评论文字，包含明确查看个人主页的信息，属于明显的引流文本。

图 3.3　某 App 中的评论文字

- 音频数据：发布的语音动态、发布视频中的音频均属于音频数据。当文本数据被严厉打击时，反欺诈对抗的"战场"会升级到音频领域，黑灰产人员会将引流文本转化为音频进行传播。

- 图像数据：用户的个人头像、发布的图像动态、发布视频中的封面等都属于容易被黑灰产利用的图像数据。例如，图 3.3 中评论用户的头像就属于常用的引流头像。

- 视频数据：目前主流的 App 都支持视频形式的内容表达，覆盖评论、发帖、留言、发视频等入口。因为视频本质上是由一帧帧的图像构成，所以可以通过对视频数据采样得到若干图像数据，从而对图像数据进行处理。

- 行为数据：用户在 App 中产生的操作行为痕迹属于行为数据，如浏览、搜索、点赞、评论、收藏、签到等。基于用户的行为操作序列可以表现用户的行为习惯。因为黑灰产人员往往采用批量化操作，所以他们的行为路径有很高的相似性。

3.1.3　流量后期数据

流量后期是指用户在 App 内与其他用户或群组建立社群关系，以及产生交易行为的阶段。此阶段的欺诈流量主要集中在黑灰产向用户传播不良信息实施诈骗，或者黑灰产团伙通过虚假交易等行为攫取非法利益。

流量后期的数据主要包括用户之间的社群关系数据和交易关系数据，具体说明如下所示。

- 社群关系数据：社群关系包含用户与其他用户、群组之间的社交关系。社群关系图谱如图 3.4 所示，其中浅色代表普通用户，深色代表多个用户组成的群组，这里的群组是基于 App 内用户构建的，而且群组的形式是多样的，如拼团组、某个兴趣组以及某个粉丝群等。普通用户之间的连线代表二者产生社交关系，如关注、添加好友、点赞等，普通用户和群组之间的连线代表用户与群组产生社交关系，如创建、管理、加入等。

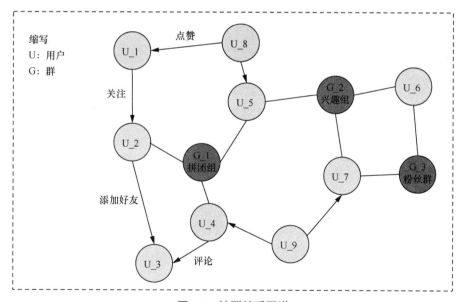

图 3.4　社群关系图谱

- 交易关系数据：交易关系包含用户和商家的交易关系、用户和用户之间的转账关系。

交易关系图谱如图 3.5 所示，其中浅色代表普通用户，深色代表商家，普通用户之间的连线代表转账关系，普通用户和商家之间的连线代表购物关系。

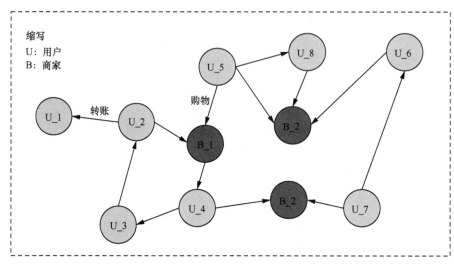

图 3.5　交易关系图谱

3.1.4　流量数据特性对比

前文重点介绍了用户流量演进的 3 个不同阶段和对应的主要数据形态。不同阶段面临不同的安全问题，也对应不同的数据源和不同的对抗方案。不同时期流量数据的具体特点对比如表 3.1 所示。

表 3.1　不同时期流量数据的具体特点对比

数据所处时期	流量前期	流量中期	流量后期
数据形态	账号以及设备信息	多模态内容信息	图谱关系信息
刻画维度	环境、身份刻画	内容、行为刻画	社群关系刻画
特征维度	简单	多样	复杂
计算复杂度	低	中	高
对抗方案	前期防护，以监控和基础限制规则为主	个体打击，精准识别欺诈账号	团伙打击，全面覆盖欺诈流量

表 3.1 主要从数据形态、刻画维度、特征维度、计算复杂度和对抗方案角度，对不同时期的流量数据的特性进行了对比。

- 数据形态和刻画维度：前期流量数据形态主要是账号的身份属性、网络环境和设备信息，从环境、身份的维度进行刻画；中期流量数据形态主要是用户 UGC 和用户行为数据，从内容、行为维度进行刻画；后期流量数据形态主要是用户社交和交易行为的社群关系和交易图谱关系信息，从社群关系维度进行刻画。

- 特征维度和计算复杂度：前期流量数据以身份、环境信息为主，数据量较少，计算复杂度偏低；中期流量数据为用户产生的文字、图像、视频、行为序列等数据，数据比前期更丰富，数据量级也更大，处理复杂度中等；后期流量数据包含用户好友、群组和交易等数据，数据形态更加多样化，处理复杂度偏高。

- 对抗方案：前期流量数据主要是用来进行前期防护，将明显的黑名单用户、网络和设备异常的流量在注册阶段进行拦截，这是过滤黑灰产的第一道防线；中期流量数据主要依托用户的内容数据，实现对个体的精准打击，很好地净化了 App 的欺诈内容；后期流量数据主要是从团伙检测的角度出发，有效提高了欺诈流量的检出召回率。

从原始日志数据到最终模型可用的特征数据，需要通过数据治理将数据处理成高质量数据，还需要通过特征工程将高质量数据处理为模型可以使用的特征数据。接下来，针对数据治理和特征工程进行重点阐述。

3.2 数据治理

数据治理的核心目标是在合规的前提下，对原始数据进行安全的、高质量的处理。数据治理主要包含数据采集、数据清洗、数据存储和数据计算。

3.2.1 数据采集

数据的来源主要可分为 3 方面：一是来自 App 本身的业务数据上报，如 UGC、用户操作序列等；二是 App 集成的 SDK 采集的数据，如设备指纹采集的设备环境、参数信息等；三是来自行业的第三方数据，如行业公共黑库、恶意代理 IP 库、秒表 IP 库、黑中介号库、虚拟运营商黑号库。不同来源数据的采集过程如图 3.6 所示。

- 产品本身的业务数据：通过埋点的方式获取产品本身的业务数据，将采集数据的程序附加在产品功能程序中，对用户的操作行为和事件进行捕获。

- 集成的 SDK 数据：一般是通过在固定的场景中发生，或者定时触发的行为，如监控设备环境、网络的数据。如果是业务定制的 SDK，那么可以通过下发规则来采集用户的行为数据和业务数据。

- 行业第三方数据：黑灰产为了节约成本，一般会反复利用掌握的黑灰产资源，并在多个平台进行欺诈，所以可以通过采买或者合作的方式引入其他业务和平台的第三方数据，用于构建自身业务的反欺诈体系。

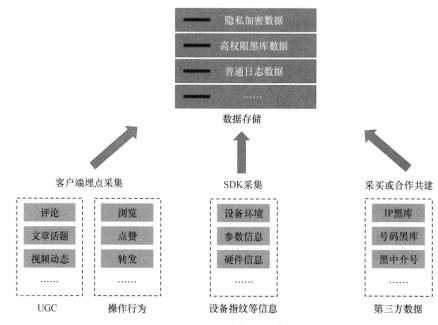

图 3.6　不同来源数据的采集过程

3.2.2　数据清洗

数据清洗主要是为了将原始数据清洗为具有完整性、唯一性、一致性和准确性的高质量数据。数据清洗过程包括数据缺失处理、数据异常处理、数据归一化与标准化。

- 数据缺失处理：数据缺失是指数据不完整，处理的方式包括列删除、行删除和缺失值填充。列删除适用于某一列属性值的缺失率太高的情况，于是将这一列属性值进行删除。行删除适用于某个样本的绝大多数属性值都缺失的情况，此时已经不可能通过数据建模来识别这个样本，所以需要将这个样本数据删除、丢弃或者进行特殊审核处理。当个体中仅有少量属性值缺失时，此时一般会用特殊值进行填充，例如用 -1 进行填充，后续模型也会将这种缺失情况作为特殊情况进行学习。

- 数据异常处理：数据异常是指数据因为填写或者上报过程中出现了错误，导致数据值远偏离常识数据范围，处理的方式包括删除、填补和特殊标记。在数据异常处理之前，首先需要对数据进行判断，判断其是否为异常值。在流量数据中，常见的异常值举例如表 3.2 所示。

表 3.2 常见的异常值举例

数据属性	异常值	异常值说明
IPv4 地址	119.611.20.56	IP 地址范围应该是 0.0.0.0～255.255.255.255
设备号 IMEI	0000001234567890	IMEI 的前 6 位为型号分配码，000000 是非法的型号分配码
手机号码	136XXXX001	国内手机号由 11 位数字组成，该手机号为 10 位

- 数据归一化与标准化：数据归一化是指在保持原始数据分布的情况下将原始数据压缩为 0～1 的数值，而数据标准化是指让数据本身的分布发生变化，使原始数据映射后服从标准正态分布，数据归一化和数据标准化都有利于提升模型训练的效果。当数据分布比较稳定时，可以采用数据归一化处理；当数据分布不稳定且个体差异较大时，采用数据标准化处理。数据归一化与数据标准化的区别和示例如表 3.3 所示。

表 3.3 数据归一化与数据标准化的区别和示例

处理方式	使用场景	示例
数据归一化	数据分布比较稳定	用户每天访问时长（小时），数据介于 0～24，所以适合采用数据归一化处理
数据标准化	数据分布比较不稳定且个体间差异较大	用户每天浏览次数，个体分布差异较大且不稳定，所以适合采用数据标准化处理

3.2.3 数据存储

数据存储是将流量前期、中期和后期的数据进行脱敏、加密、权限分离等归类存储，便于后续能被针对性地合规和高效使用。选择数据存储方式时考虑的因素如图 3.7 所示，可以分为时间开销、安全性和使用成本 3 个方面。

- 时间开销：数据存储的时间开销是指数据写入和读取时消耗的 CPU 时间和 I/O 时间。数据存储的时效性是指保障数据在规定时间内完成读写，不会影响到其他流程中的数据使用。

- 安全性：对隐私敏感数据、高权限黑库数据、普通日志数据等应该被分别存储，确保权限隔离。另外，对于账号的相关隐私数据，如手机号、身份证号等，应该被加密存储，加密方式可以选择 MD5 信息摘要算法、高级加密标准（AES）、RSA 密码体制等。

- 使用成本：对于不同使用场景的数据采用不同的存储方式，可以有效降低存储成本。例如，对于需要长期保存但是使用频率不高的日志数据，数据量非常大，可以采用 Hadoop 分布式文件系统进行存储；对于查询延迟要求高且被频繁查询的黑库数据，数据量相对比较小，可以采用 Redis 这样的高性能键值对数据库进行存储。

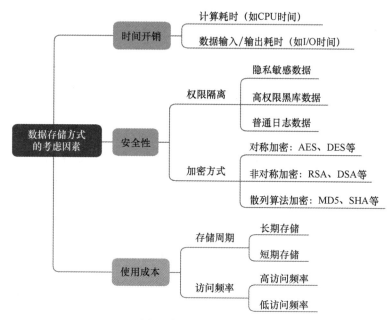

图 3.7　选择数据存储方式时考虑的因素

3.2.4　数据计算

数据计算会基于数据分析的业务需求对流量数据进行处理。在选择数据计算方式时，主要考虑时效性要求，即数据是否需要进行实时计算。如果数据的形态是文本数据、图像数据或者图谱数据，也要考虑计算成本等问题。数据计算的选择主要是计算模式的选择，大数据计算模式主要可分为 4 种，如图 3.8 所示。

- 批处理计算：批处理计算是指对数据进行批量化处理，可以使用 Hadoop、Spark 等工具。在欺诈流量检测服务中，离线处理海量日志数据可以采用批处理计算。

- 流处理计算：流处理计算是指针对当前数据进行实时分析的数据处理方式，通常在实时计算中，可以使用 Storm、Spark Streaming、Flink 等工具。在欺诈流量检测服务中，线上模型实时拉取并处理数据的过程可以采用流处理计算。

- 交互式查询计算：交互式查询计算主要是针对海量数据进行的实时查询，时效性要求比较高，可以使用 Dremel、Hive 等工具。在欺诈流量检测服务中，需要实时查询判黑流量并提供判黑证据时，可以采用交互式查询计算。

- 图计算：图计算主要是为处理图谱结构类型数据而设计的，可以使用 PowerGraph、GraphX 等工具。在欺诈流量检测服务中，处理流量后期的社群关系数据和交易关系数据，可以采用图计算完成。

图 3.8　4 种大数据计算模式

3.3　特征工程

如果将数据治理后的高质量数据再通过特征工程加工，就可以成为模型直接使用的特征数据。因为特征数据的质量直接决定了模型的上限，所以特征工程的构建是欺诈识别模型的重要基础。

特征工程是指利用相关领域知识对原始数据进行抽象提取，将数据从原始空间分布映射到特征空间分布的过程，可以保障欺诈流量和正常流量在特征空间中更加具备可分性。特征工程主要包括特征构建、特征评估与特征选择、特征监控等。

3.3.1　特征构建

特征构建是指对原始日志数据进行加工，从而生成特征数据。结合实际业务的场景，数据加工的方式多种多样，常见的可以归类为 3 种，分别是基于专业经验的标签特征、基于有监督学习的特征和基于无监督学习的特征。不同特征构建方式的区别和使用场景如表 3.4 所示。

表 3.4 不同特征构建方式的区别和使用场景

特征构建方式	构建成本	可解释性	优点	缺点
基于专家经验的标签特征	高	强	特征符合产品的认知、通用性高，一般比较稳定，欺诈检测的准确率较高	过分依赖专家经验，人工经验决定了对抗的上限
基于有监督学习的特征	低	中	依据目标样本，充分挖掘数据，特征表征能力很强，欺诈检测的准确率和召回率很高	完全依赖样本的好坏，对抗容易滞后，而且很容易被绕过
基于无监督学习的特征	低	弱	不依赖目标，主动学习数据的规律，特征表达能力较强，欺诈检测的准确率和召回率较高	依赖于训练的采样数据是否具有代表性

- 基于专家经验的标签特征：基于专家经验分析不同场景的数据表现，从而生成对应的标签特征。例如，黑灰产群控账号登录 App 的时间和正常用户账号的登录时间有较大的差异。正常用户登录账号一般会在闲暇时间，如周末和晚上下班时间，而黑灰产登录账号的时间不固定，甚至可能出现在半夜，而且都是集中性的登录。因此，可以统计账户在全天不同时间段的登录次数，从而生成统计特征。

- 基于有监督学习的特征：与基于专业经验方案生成的标签特征不同，有监督学习的特征是将欺诈流量和正常流量分别作为正样本和负样本，然后通过有监督学习来学习特征。例如，通过计算目标群体指数（target group index）来验证数据在不同样本中的偏好，然后构建特征。

- 基于无监督学习的特征：无监督学习的特征主要是聚焦数据本身的特点来挖掘数据特征，对于文本信息，可以采用 word2vec、doc2vec 等算法学习特征；对于谱图关系数据，可以采用 node2vec 等算法学习特征。

3.3.2 特征评估与特征选择

特征评估与特征选择是指在特征构建好之后，在构建欺诈流量监测模型之前，评估各个特征对于问题的表征能力，并挑选出有效的特征进行建模。特征评估与特征选择的主要内容如图 3.9 所示。

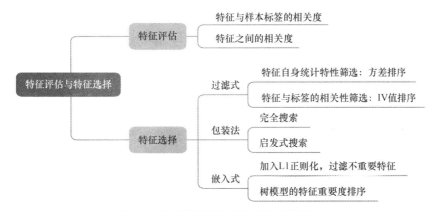

图 3.9　特征评估和特征选择的主要内容

特征评估的维度主要有两个，一是评估特征与样本标签的相关度，二是评估特征之间的相关度。

- 评估特征与样本标签的相关度：采用计算 IV 值的方式可以评估每个特征与样本标签的相关性，然后剔除 IV 值过小的特征。例如，当特征的 IV 值小于 0.02 时，就可以认为特征对样本标签的预测没有贡献，应该将该特征剔除；当特征的 IV 值大于 0.5 时，就说明特征与样本标签的相关性极强，此时该特征存在泄漏标签的可能，需要进行人为分析，确定特征没有问题后才能入模。

- 评估特征之间的相关度：评估特征之间相关性的方法有很多，如协方差、皮尔逊相关系数以及互信息等。通常采用皮尔逊相关系数来评估特征之间的相关系数，即当任意两个特征之间的相关系数大于 0.8 时，说明这两个特征之间的相关性比较大，此时将两个特征都入模，并不会带来更多的信息增益，反而会造成模型的不稳定，所以需要在这两个特征之间保留更高 IV 值的特征，将 IV 值较低的特征进行剔除或者人工删除。

特征选择的常见主要方法包括：过滤式、包装法和嵌入式。

- 过滤式：对每个特征都单独进行评估，然后按照评估的结果对特征进行排序，最后取排序靠前的 *N* 个特征入模。评估特征主要从两方面入手，一是特征自身的统计特性，例如通过方差评估特征数据的分散程度；二是特征与标签的相关性，相关性越大，对标签预测的贡献也就越大。

- 包装法：包装法是一种将特征选择与模型训练融合在一起的方法，常见的包装法有完全搜索和启发式搜索。完全搜索是将所有的特征组合都进行模型训练，然后选择最佳的特征组合，这种方法耗时比较长。启发式搜索需要反复创建模型，并在每次建模后从特征中保留贡献效果最大的特征，或者剔除最差的特征，然后继续用剩余未被选择的特征构建模型。

- 嵌入式：嵌入法是一种先不进行特征选择而直接让模型来选择入模特征的方法。使用嵌入法筛选特征有两种思路，一是首先将所有特征用来构建模型，然后得到每个特征的特征重要度，然后根据特征重要度对所有特征排序，选择排序靠前的 *N* 个特征入模，用于构建最终的模型；二是在损失函数中加入 L1 正则项，有利于学习到稀疏的参数矩阵，不重要的特征会被自动过滤。

在实际使用过程中，会根据样本量和特征维度来决定特征选择的方法。当特征维度较低且数据量较少时，可以采用包装法或者嵌入法来进行特征选择。当特征维度高且数据量很大时，由于包装法和嵌入法的计算复杂度高，就只能选择计算复杂度低、运行时间短的过滤法。也可以融合不同特征选择方法，先用过滤法将明显对建模没有用的特征过滤掉，降低了特征维度之后，再采用包装法或者嵌入法进行特征选择。

3.3.3　特征监控

特征监控是指针对实际入模的特征，监控特征数据的稳定性，防止数据不稳定而造成模型失效。监控特征数据的稳定性可以通过计算群体稳定性指标（population stability index，PSI）来表示特征是否稳定。一般来说，当 PSI 的值大于 0.25 时，认为特征的分布产生了较大的变化，需要数据运营人员进行具体分析。某特征的 PSI 监控曲线如图 3.10 所示，在 T6 时间，PSI 的值增大到了 0.26，此时就需要数据运营人员分析模型是否产生异常。有关如何针对特征稳定性进行监控和运营的内容，读者可以参考本书的第 11 章。

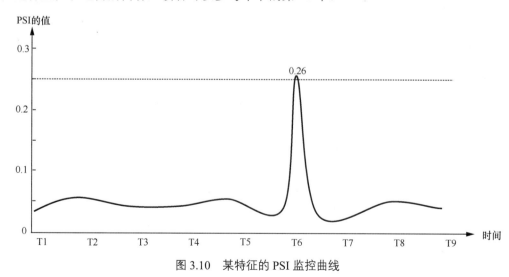

图 3.10　某特征的 PSI 监控曲线

3.4　小结

本章主要介绍了流量在不同时期的基础数据形态，以及通过流量数据治理和特征工程将日志数据加工为可以入模的特征数据的过程。首先详细介绍流量在不同阶段（前期、中期、后期）的基础数据形态和特点，其次通过数据治理环节，将原始日志合规、加密和清洗为高质量数据，最后经过特征工程模块，将高质量原始数据转化为模型可以理解的特征数据。在实际进行流量数据治理和特征工程时，需要结合数据的形态、特点和业务的量化标准，并根据实际对抗场景来选择合适的流量数据治理和特征工程方法。

第 4 部分　流量反欺诈技术

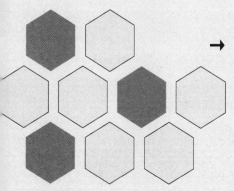

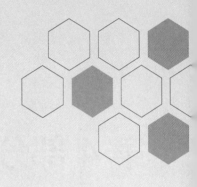

第4章
设备指纹技术

在移动互联网时代，用户可以在手机上完成几乎所有的流量行为，如在电商 App 购物、在视频 App 看电影以及在社交 App 交友等，这些行为只需要一部手机即可。如果黑灰产要想在移动流量平台上牟利，往往需要大量的设备资源，可以是通过模拟器进行模拟的假机器，也可以是通过群控进行控制的真机器。为了区分黑灰产和正常用户，需要构建设备指纹来识别真机、假机以及欺诈操作行为。

早期传统设备识别技术主要利用 IP 地址和 Cookie 技术来标记用户设备，跟踪并记录用户的多维访问信息和终端设备信息。由于 IP 技术标识准确率过低且稳定性较差、依赖终端设备存储的 Cookie 容易被篡改、隐私保护限制使得移动设备标识符数有限、黑灰产利用刷机工具和模拟器恶意篡改和伪造设备进行欺诈活动等原因，传统的设备识别技术无法适应现在环境，因此产生了设备指纹（device fingerprinting）技术。设备指纹技术借鉴生物概念上的指纹定义，通过设备的"指纹"（即设备间部分信息的相对差异）作为设备的标识符，因此设备指纹具有唯一性和稳定性。

本章主要介绍设备指纹在反欺诈领域的价值、设备指纹的技术原理和设备指纹技术实现方案。

4.1　设备指纹的价值

设备指纹作为用户终端身份的唯一标识，可以应用到鉴别真假机器、追踪用户痕迹等场景中。在流量欺诈场景中，设备指纹是鉴别欺诈行为的底层技术之一，设备指纹在反欺诈实战中的价值如图 4.1 所示，在注册欺诈、登录欺诈、机器模拟设备欺诈、刷量欺诈和流量结算欺诈等场景中均扮演着重要的角色。

图 4.1 设备指纹在反欺诈实战中的价值

- 标记黑产风险设备：设备指纹技术能够有效检测终端设备的环境信息和设备运行时的行为风险，可以感知设备是否具有模拟器行为、设备是否获取 root 权限、设备是否调用虚拟框架、设备是否产生调试行为、攻击注入行为和自动化批量行为等。通过设备指纹技术，可以识别伪造设备和虚拟设备，并构建多种设备风险标签。

- 鉴别登录欺诈和盗号欺诈：利用设备指纹技术，可识别群控模拟设备，在设定的时间窗口内批量生成虚假设备并进行账号注册；可识别是否是在伪造设备上进行账号登录，以及频繁登录多个账号或频繁撞库嫌疑尝试；可识别登录设备是否为非常用登录设备，设备 GPS 定位是否漂移或被伪造等。

- 识别推广结算中的流量欺诈：在 App 进行广告推广时，黑灰产构建虚假流量骗取广告主的结算费用，使得广告无法触达真实用户，例如通过构建大量的虚假设备反复进行广告的虚假点击和 App 的虚假安装。通过利用设备指纹的唯一性，可以识别虚假行为，从而有效保障流量的真实性，让广告能真正地触达受众用户。

- 识别"薅羊毛"欺诈中的虚假账号绑定：为了保证公平性和真实性，平台的正常营销活动规则会限制同设备同账号参加活动的次数。但是黑灰产可以通过伪造设备，让同一个账号绑定多个虚假设备或让同一个设备绑定多个账号，反复进行"薅羊毛"行为。而设备指纹技术可以有效地鉴别设备的唯一性，从而结合业务场景制定对应的打击规则。

通过以上常见的场景案例介绍，可以看出设备指纹的应用价值，实际应用中会有更丰富的场景。因为设备指纹技术在欺诈场景中发挥非常关键的作用，所以黑灰产也会通过各种技术手段来攻破设备指纹技术，导致无法唯一标识一台设备。因此，构建设备指纹技术方案非常重要，下文重点介绍从零开始构建一套设备指纹技术方案的思路。

4.2　技术原理

设备指纹技术可定义为利用设备的多维度特征属性信息，通过算法为每一个设备生成一个唯一且稳定的设备标识符的技术。设备指纹的两个核心特性是唯一性和稳定性。设备指纹技术的唯一性体现在两个不同设备生成的设备标识符是不同的，每个设备唯一对应一个标识符，即设备指纹具有极低的碰撞率；设备指纹技术的稳定性体现在设备指纹不随着设备的使用和环境的变化而发生改变。下面分别介绍设备指纹技术的基础概念、发展历程和生成方式。

4.2.1　基础概念

设备指纹构建的基本原理是收集客户端设备的特征属性信息上传至服务器，在进行数据的加密合规操作后，通过算法生成唯一设备标识符标记设备。客户端设备的特征属性信息主要可以分为系统和应用的软硬件有关特征，以及业务逻辑和设备行为属性特征。

系统和应用的软硬件属性特征主要是通过设备的操作系统和应用等预留 API 获取客户端的软硬件信息，同时收集不同设备在网络通信、数据计算处理和图像资源加载等环节中存在的隐形差异，从而进行特征因子构建。

业务逻辑和设备行为属性特征主要是在设备使用中通过埋点记录与设备和业务有关的行为，并将该行为作为特征因子进行构建。

当获取到上述设备的特征属性后，服务器将这些数据通过算法生成设备指纹，并且存储设备 ID 映射关系。当产生设备指纹查询需求时，客户端收集特征数据后再向服务端进行查询，如果设备指纹匹配，那么就为统一设备；否则认为是新设备。设备指纹技术的基本流程如图 4.2 所示。

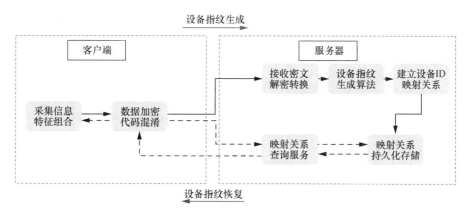

图 4.2 设备指纹技术的基本流程

4.2.2 发展历程

互联网的发展诞生了设备指纹技术。在移动互联网时代，设备种类和访问渠道的多元化，促使用户行为和指纹生成方案呈现多样化发展，同时黑灰产对设备的伪造技术也在不断升级。设备指纹技术的发展历程主要经历了 6 个阶段，如图 4.3 所示。

图 4.3 设备指纹技术的发展历程

- 第一阶段：主要是依赖 IP 和 Cookie 技术，也就是设备指纹的前身，此时很难实现用户身份标识的唯一性。

- 第二阶段：依赖移动设备的基础硬件信息、系统信息和厂商设备标识符，如 Android 系统下常用的国际移动设备标志（IMEI）、国际移动用户标志（IMSI）、介质访问控制（MAC），再如 iOS 设备常用的广告标识符（IDFA）、应用开发商标识符（IDFV）和唯一设备标识码（UDID）等。

- 第三阶段：开始引入设备的多维信息，如设备网卡和设备参数等，可以用来构建设备指纹算法。

- 第四阶段：随着设备量、平台量和用户量的迅速增加，以及黑灰产伪造设备技术的不断发展，在设备指纹的稳定性和唯一性要求下，第四阶段产生了聚焦于设备指纹唯一性且支持跨平台的设备指纹技术，如支持 App、小程序、H5 页面等不同平台的统一设备标识符。

- 第五阶段：随着黑灰产的伪造改机技术不断有针对性地进化，设备指纹技术聚焦于具备防破解、防逆向保护能力，以及在异常环境中具备智能感知和检测能力。

- 第六阶段：设备指纹技术进入依托于云计算和人工智能新技术的新发展阶段。

4.2.3　生成方式

基于不同的采集生成思路，设备指纹技术主要可以分为主动生成设备指纹技术、被动生成设备指纹技术和混合生成设备指纹技术。

主动生成设备指纹技术是一种由前端采集并生成设备指纹的方式。主要思想是预先在应用或者系统中进行埋点，当触发事件时，通过 SDK 或者 JavaScript 脚本等方式进行数据收集，然后对数据进行加密处理，并将结果上报至服务器，由服务器后台的设备指纹算法生成唯一设备标识符并反馈给前端。主动生成设备指纹技术主要收集设备的 MAC 地址、设备 GPS 定位、WiFi 列表、设备标识符（如 IMEI、IDFA）、App 的唯一标识 ID、设备是否获取 root 权限、传感器属性特征、设备中 App 列表、安装行为以及设备中浏览器属性等信息。主动生成设备指纹技术可以做到高响应、低延迟采集，但同时采集信息容易变化从而造成指纹的不稳定性，并且许多维度信息采集受到隐私限制，需要用户授权，这也是局限因素。

被动生成设备指纹技术是一种通过后端分析网络通信协议生成设备指纹的方式。主要思想是利用终端和服务器进行网络通信连接活动时的网络报文，再基于 OSI 通信协议和网络信息，从中提取出多个维度的特征。例如，相同操作系统间的协议参数特征是不同的，可以根据数据包的存活时间值 TTL、最大分段大小 MSS、SYN 包大小、SYN 窗口大小等协议参数信息来构建特征，然后结合机器学习算法构建终端设备的唯一标识。被动生成设备指纹技术比主动生成设备指纹技术的数据采集更简单、范围更广，并且相对不涉及用户隐私信息。但被动生成设备指纹技术算法的复杂度高、响应时间久以及具有比较高的技术门槛等是局限因素。主动生成设备指纹技术和被动生成设备指纹技术的对比如表 4.1 所示。

表 4.1 主动生成设备指纹技术和被动生成设备指纹技术的对比

生成方式	优点	缺点	实现方式
主动生成设备指纹技术	响应速度快 准确度较高 相对简单	受限于隐私保护 相对稳定性较低	通过 SDK 或 JS 脚本在前端埋点植入
被动生成设备指纹技术	稳定性较高 不受限于隐私保护	复杂度高 响应较慢 研发门槛高	基于 OSI 协议栈在服务器后端实现

混合生成设备指纹技术是一种将主动生成设备指纹技术和被动生成设备指纹技术进行整合、取长补短的设备指纹生成方式。在同一个架构中将终端主动生成的特征信息与服务器被动生成的设备特征信息对应，通过算法生成一个唯一且稳定的设备标识符。

需要特别说明的是，由于现在黑灰产常常会对使用的真实或者模拟设备进行改机操作，低成本地完成设备参数造假，因此生成的设备指纹也会随之变化。某集成化改机软件如图 4.4 所示，该软件支持一键修改硬件环境参数、具有获取 root 权限、伪造 App 列表、云端环境管理和设备模拟定位等功能。如果生成方案过于简单，就很容易被黑灰产绕过，因此选择设备指纹的生成方式非常重要，从上述第五阶段和第六阶段开始，会额外考虑采用设备指纹的智能化检测技术。

图 4.4 某集成化改机软件

4.3　技术实现方案

设备指纹技术本质上可以理解为类似哈希函数的一种映射过程，即采集一些数据字段映射成一个设备标识符的过程。4.2 节介绍了设备指纹技术的基本概念和技术原理，本节通过举例来介绍设备指纹技术的实现思路。

4.3.1　评估指标

评价和衡量一个设备指纹技术是否满足需求，除了考虑核心属性的唯一性和稳定性，结合实际场景使用时还需要考虑安全性和可用性，设备指纹的 4 个评估指标如图 4.5 所示。

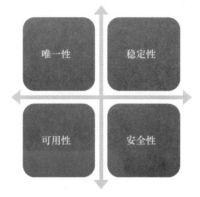

图 4.5　设备指纹的 4 个评估指标

- 唯一性：主要体现在多维度采集的特征数据通过复杂算法处理后，不同设备对应的设备指纹是否唯一，即不同设备对应的设备指纹不能产生碰撞冲突，一般高可用场景要求不发生碰撞冲突的比率在 99.9% 以上。

- 稳定性：主要体现在单一设备进行增量更新或者更改部分关键要素时，生成的设备指纹不会发生改变。稳定性一般需要通过多维度属性值生成的算法才能保证。

- 安全性：主要体现在主动生成设备指纹时，前端采集流程中需要额外进行代码加密、代码混淆、代码加固和代码校验等保护措施，避免黑灰产在对采集 SDK 或脚本进行破解后针对性地构建设备指纹伪造工具，从而极大增加黑灰产逆向分析的难度。在被动生成设备指纹时，需要对后端采集流程中的网络通信进行保护，避免中间人攻击并篡改数据。

- 可用性：主要体现在实际部署应用设备指纹技术时，要考虑调用方式的难易程度、资源消耗情况、是否满足响应需求、是否做到无感嵌入、是否具有可拓展性、是否支持高并发等实际落地场景问题。

4.3.2　构建特征

设备指纹技术的特征实际上是由设备中可以获取到的稳定的设备参数生成。设备指纹需要兼顾稳定性和唯一性，而在不同的设备系统环境中存在版本不兼容和权限限制的问题，这可能导致采集字段不稳定，从而影响设备指纹生成的基本要求。所以在实际采集特征数据字段时，会优先考虑比较稳定的设备参数。需要特别注意的是，由于监管为用户隐私提供保护，部分参数会被限制或者需要经过用户授权。

下面分别介绍常见系统和环境中相对稳定的设备参数，如图 4.6 所示。

图 4.6　常见系统和环境中相对稳定的设备参数

- Android 系统：由于 Android 系统是开源系统，因此会衍生出许多基于 Android 开发的定制系统，在选取参数时一般要考虑到系统版本不兼容的问题。Android 系统中相对稳定的设备参数包括启动随机数、设备识别码、SIM 卡识别码、蓝牙和网卡的物理地址、设备串号、设备硬件信息和广告 ID 等。

- iOS 系统：由于 iOS 系统是封闭未开源的系统，因此会受到许多限制，权限管控也更严格，可以自由获取的参数相对较少。iOS 系统中相对稳定的设备参数包括广告标识符、厂商标识符、网卡物理地址、系统开机时间、设备唯一标识、通用唯一识别码和手机名称等。

- Web 浏览器：Web 设备指纹主要依赖浏览器运行的设备硬件信息和浏览器自身配置信息共同构建。Web 浏览器中相对稳定的设备参数包括使用者代理、2D 和 3D 图形 API、音频 API、浏览器字体列表、浏览器插件列表，以及 IP 和通信协议等。

- 小程序：小程序是一种依托平台运行的特殊应用，如微信小程序、支付宝小程序等，因此在构建小程序设备指纹时，除了常规采集一些硬件或系统参数外，还需要采集小程序依托平台的多种参数信息。小程序中相对稳定的设备参数包括小程序 ID、屏幕参数、语言、字体大小、系统信息、小程序平台，以及硬件和 IP 信息等。

4.3.3　生成算法

因为不同设备的系统或环境差异比较大，参数信息也各式各样，所以不同设备的生成算法不一样。本节首先介绍通用设备指纹生成的算法，其次重点介绍 Android 系统、iOS 系统、小程序和 Web 浏览器的生成算法。

1. 通用设备指纹

根据设备指纹匹配流程，通用设备指纹的生成过程如图 4.7 所示。算法过程可以概括为通过采集设备信息和构建设备画像，然后进行设备相似度计算，圈定多个近似设备，最终进行精准匹配和碰撞检测，生成新的设备指纹或匹配现有设备指纹。需要特别注意的是，当生成通用设备指纹时，如果发现存在近似设备，除了需要通过指纹精准匹配算法，还需要额外进行近似设备指纹碰撞检测。近似设备指纹碰撞检测的主要实现思路是判断客户端具有的设备凭证和服务器存储的历史凭证是否一致，只要设备当前凭证和历史凭证可以匹配，那么说明设备指纹出现了碰撞，需要生成一个新的设备指纹。

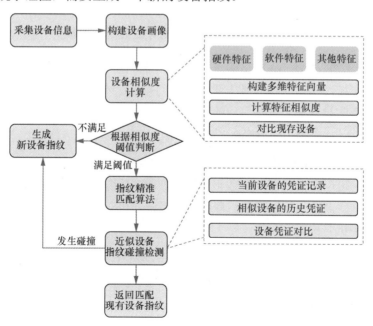

图 4.7　通用设备指纹的生成过程

2．Android 设备指纹

为了避免黑灰产对设备参数进行篡改来绕过设备指纹检测，从而给改机设备赋予正常的设备指纹，因此在进行存在和合法校验过程后，还需要通过采集的信息来判断设备是不是模拟器或者是否存在疑似刷机行为。例如针对模拟器的识别，需要额外收集设备的 CID 参数来校验设备 ROM，或者使用 Android 设备的 Fingerprint 等参数去构建特征。

针对收集的参数，需要进行重要性区分，一般分为主特征和辅助特征。主特征一般是区分度较大的核心特征，如 IMEI；辅助特征是用来进行策略排序和组合判断的特征，如 Fingerprint。另外也需要结合每个维度特征自身的稳定性和唯一性来进行特征筛选，最后通过主特征和辅助特征构建多种策略组合。这样当需要鉴别设备是否和指纹对应设备一致时，就可以准确且稳定地鉴别设备。例如，当设备特征全部一致时，就不去对比其他特征；当绝大多数主特征一致且某些辅助特征也一致时，判断一致；当主特征某些特征不一致但辅助特征一致时，判断不一致。当命中多个组合策略时，会选取最高等级策略作为判断标准。Android 设备指纹的生成过程如图 4.8 所示。

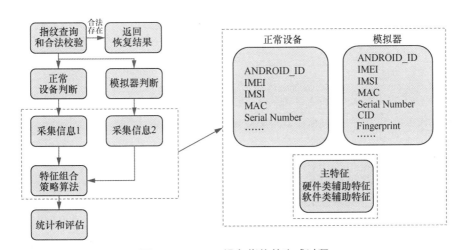

图 4.8 Android 设备指纹的生成过程

3．iOS 设备指纹

在 iOS 系统中采集数据时，比较容易采集的数据是 device_name、IDFA、IDFV、MAC 和其他硬件信息。根据设备的 MAC 地址能否被采集，可以选择不同的特征组合策略算法。如果可以采集设备的 MAC 地址，那么结合 device_name、IDFA 或 IDFV 等信息作为主特征，将其他硬件信息作为辅助特征。如果无法采集 MAC 地址，那么用 device_name、IDFA 和 IDFV

作为主特征，引入 WiFi 地址、系统版本、设备内存和硬盘等信息作为弥补特征，然后将其他硬件信息作为辅助特征。同样通过特征生成索引并进行相似度计算、圈定近似设备后，根据策略排序精准匹配唯一设备。iOS 设备指纹的生成过程如图 4.9 所示。

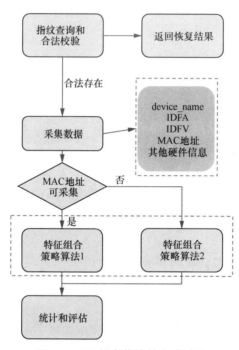

图 4.9　iOS 设备指纹的生成过程

4．小程序设备指纹

在小程序平台场景下，除了正常的设备硬件指纹生成流程，还会额外生成小程序用户指纹。设备硬件指纹主要是一些硬件信息，数据不容易变化。因为小程序用户指纹是结合小程序内部的 openid、平台版本、调用信息和部分脱敏用户信息生成，所以软件版本的更新、设备的变化和采集流程变更等都会影响结果。

在实际场景中，可以通过采集的部分硬件信息生成设备指纹，也可以通过小程序用户行为生成用户指纹。一般用户唯一的设备指纹是结合两部分信息生成的。单独生成的设备指纹和用户指纹也可以在欺诈场景中识别异常风险，例如当用户指纹查询一致，而设备指纹不一致时，说明可能存在换设备登录情况，可以结合业务场景判断是否有登录欺诈的风险。小程序设备指纹的生成过程如图 4.10 所示。

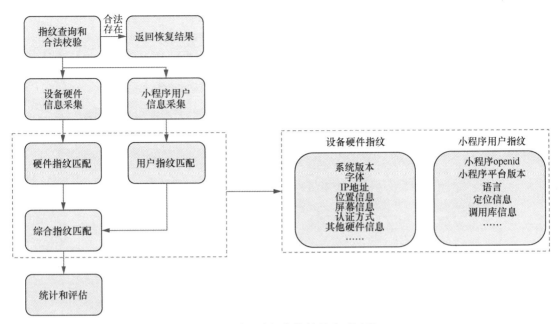

图 4.10 小程序设备指纹的生成过程

5. Web 设备指纹

小程序本质上也是某种特定环境下的 Web 指纹。而 Web 设备指纹是通过浏览器运行的设备硬件信息和浏览器自身配置信息综合生成的，可采集的唯一性标识相对较少，稳定性相对较差。目前在设计 Web 设备指纹时都会考虑跨平台的兼容性以及如何进行异常检测，便于对抗黑灰产在欺诈场景中利用浏览器构建虚假设备指纹的行为。

此外，针对上述不同终端设备指纹技术的方案，其核心都是生成特征向量、生成索引、进行相似度计算和匹配设备指纹这个过程，其本质上也可认为是分类和排序的过程，因此也可以采用机器学习方法构建算法模型。

用设备机型这个维度特征举例，在对某种渠道采集到的机型有关参数的离散化数据预处理后，然后进行特征工程从而生成机型多维稠密的特征向量。接着通过分析生成是否是常见机型、机型长度、机型特殊符号值以及黑灰产常见机型参数等稠密特征。接下来通过聚类算法（如 k 均值聚类、DBSCAN 等）进行模型训练、调参和测试，最终对线上数据划分类别。对于黑灰产高可疑设备聚集的类别，进行再次分析，进一步有效圈定机型维度可疑的设备，由此推测这些设备指纹是虚假构建的。

针对上述分析出的可疑设备，进一步进行更多维度的分析，一方面可以提升业务人员的业务认知水平，分析黑灰产在什么设备参数上进行造假从而绕过检测，另一方面可以通过这些可疑设备启发思路，采集更多维度特征，为设备指纹生成算法的完善提供更多优化思路。

4.4　小结

本章主要介绍了作为流量反欺诈的核心基础技术之一的设备指纹技术。通过设备指纹技术可以有效确定设备的唯一性，为后续通过业务规则和机器学习方案对抗黑灰产夯实了基础。另外，需要特别注意的是，生成设备指纹应做到不侵犯用户隐私，在安全、可靠、性能和用户体验之间进行平衡。

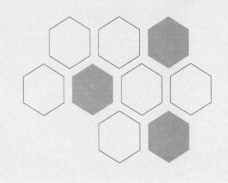

第 5 章
人机验证

第 2 章介绍了黑灰产在流量前期的平台推广、流量中期的平台使用、流量后期的资源变现各环节，黑灰产的各种欺诈手段造就了流量的虚假繁荣，导致业务平台难以分辨访问流量中的正常流量和虚假流量。对业务平台来说，真实流量才是价值所在，虚假流量欺诈带来的危害严重影响平台收益和用户体验。例如某购票平台刚放出票，瞬间被黑灰产的自动脚本或机器人刷走，导致正常用户被迫找"黄牛"购票，不仅严重影响了用户的产品使用体验，更增加了额外的经济成本。第 4 章讲解了设备指纹技术，在实际应用中，常见用途是确定用户唯一身份标识，采集用户设备信息和行为属性信息，为服务器提供数据。

本章将重点讲解人机验证，人机验证是针对黑灰产欺诈流量的第一道防线。人机验证不仅仅是表层上对验证码的验证，还是结合了用户轨迹、设备指纹 ID、设备数据和用户环境信息等维度的综合决策。人机验证的相关知识在本系列图书《大数据安全治理与防范——反欺诈体系建设》中已经有了初步介绍，本章重点讲解人机验证的攻防实战原理。

5.1 人机验证基础

本节主要介绍验证码的相关基础知识，包括验证码的诞生、应用场景和实现框架 3 个方面，为后续验证码在基础层面和设计层面的攻防作铺垫。

5.1.1 验证码的诞生

20 世纪末，邮件服务提供商雅虎公司面临一场前所未有的挑战，该公司遭受了来自黑灰产自动化脚本生成的大量垃圾邮件的攻击，导致用户体验受到极大影响。雅虎公司为了解决这个令人头疼的问题，邀请了 Luis von Ahn 博士等设计识别垃圾邮件的方案，该方案的本质是识别互联网的用户是真人还是机器，这正好与图灵测试的思想相反，于是基于逆图灵测试的思想，Luis von Ahn 博士等最终设计出了可以区分真人和机器的验证程序——雅虎初代验证码，如图 5.1 所示。

图 5.1　雅虎初代验证码

雅虎初代验证码会随机生成各种扭曲变形的字符让用户分辨，用户只有输入正确的字符分辨结果才能通过验证。以当时计算机技术的发展水平来说，扭曲变形的字符计算机很难被识别，但人类可以轻而易举做到。因此，通过这种方式可以很好地拦截来自黑灰产自动化脚本或者机器人的攻击。

5.1.2　验证码的应用场景

验证码在黑灰产欺诈流量的拦截中，有 4 类常见的应用场景，分别是账户安全、数据安全、运营安全和交易安全，如图 5.2 所示。

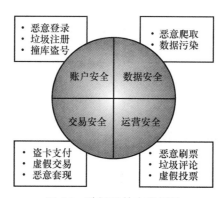

图 5.2　验证码的应用场景

验证码的这 4 类应用场景又可以具体细分为以下子场景。

1. 账户安全

● 　恶意登录：防止黑灰产的暴力破解，保证登录安全。

- 垃圾注册：防止注册机带来的大量无效注册，提高注册作弊的门槛。

- 撞库盗号：防止黑灰产的暴力撞库攻击，保证账户安全。

2．数据安全

- 恶意爬取：防止黑灰产通过代理 IP 等方式批量违规爬取数据，保障互联网的数据安全。

- 数据污染：防止黑灰产对数据恶意"投毒"，影响业务平台的风控模型的准确性。

3．运营安全

- 恶意刷票：防止"黄牛党"的批量刷票，保护购票平台正常用户的合法权益。

- 垃圾评论：防止论坛或博客的恶意灌水或恶意评论，确保互联网环境的纯净。

- 虚假投票：防止无效或虚假投票，确保活动或榜单的公平有效。

4．交易安全

- 盗卡支付：防止信用卡被盗刷，保障用户的资产安全。

- 虚假交易：防止电商等平台通过虚假交易获取商品虚高销量和好评等，形成不公平竞争，从而维护普通消费者的合法权益。

- 恶意套现：防止黑灰产通过批量操作套现，保障银行等机构的利益。

5.1.3　验证码的构建框架

构建验证码的核心环节是校验值的生成和验证，但负责生成和验证校验值的端侧可以有不同的选择方式，如表 5.1 所示，生成校验值既可以在客户端，又可以在服务器，验证校验值也一样。

表 5.1　负责生成和验证校验值的端侧选择方式

核心环节	端侧选择方式
生成校验值	客户端/服务器
验证校验值	客户端/服务器

根据生成校验值和验证校验值所处端侧的不同，验证码的实现细节会有些差异，但整体实现框架类似。这里以生成校验值和验证校验值都在服务器为例来阐述。

构建验证码的流程如图 5.3 所示。首先，用户通过客户端（如 App、浏览器、小程序等）发起一次验证码请求，服务器响应并针对此次请求创建一个新的 SessionID，然后通过既定策略生成一个随机验证码。接着，服务器将生成的验证码和 SessionID 一起返回给客户端，客户端接收到验证码后展示给用户，用户针对当前展示的验证码进行点击等操作，客户端上传该用户行为轨迹等信息，提供给服务器进行核验。核验完成后，服务器将验证码核验结果返回给客户端并展示，同时销毁当前会话。最后，用户会看到核验结果是成功还是失败。

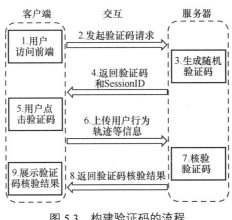

图 5.3　构建验证码的流程

5.2　基础层面的攻防

如果想要使用验证码成功抵御互联网黑灰产的机器人攻击行为，那么需要先确保验证码构建流程的基础安全。从上述验证码构建流程的各环节来看，需要注意防范的验证码基础安全问题可以分为两大类，如图 5.4 所示。

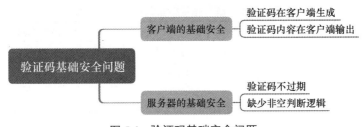

图 5.4　验证码基础安全问题

1. 客户端的基础安全

- 验证码在客户端生成：验证码基于客户端 JS 生成且仅在客户端通过 JS 验证，存在被黑灰产通过抓包或禁用 JS 方式进行绕过的风险。

- 验证码内容在客户端输出：验证码的内容会在客户端 Cookie 或者响应包中输出，存在被黑灰产逆向破解和攻击的风险。

2. 服务器的基础安全

- 验证码不过期：当一次验证码核验结束后，如果没有及时销毁 SessionID 并结束会话窗口，那么系统默认会保持一段时间，于是存在验证码被黑灰产重复使用的风险。尽量确保验证码使用一次之后立即失效，降低被黑灰产攻击的风险。

- 缺少非空判断逻辑：在验证码核验过程中，由于某些原因（例如删除 Cookie 中的某些值或请求参数等）会存在验证码为空的情况，这种情况存在被黑灰产利用的风险。

如果想要避免黑灰产绕过验证码的风险，那么确保验证码基础安全只是第一步。此外，还需要针对黑灰产在验证码设计层面的攻击，通过及时迭代更新验证码的设计方案进行防范，接下来从验证码设计层面的攻防进行阐述。

5.3 设计层面的攻防

验证码从诞生之初，一直围绕着一个重要的设计理念，就是将当前人工智能技术仍待解决的难题应用在验证码的设计上，这样是为了提高黑灰产破解的难度。但是随着人工智能技术的不断进步，黑灰产破解验证码的技术也随之不断升级，验证码的设计方案也被迫不断升级，最终走上了一条旷日持久的攻防对抗之路。验证码设计层面的攻防演进方案如图 5.5 所示，业务访问流量经历了字符验证码、行为验证码、新型验证码 3 个阶段。

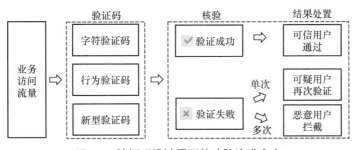

图 5.5 验证码设计层面的攻防演进方案

5.3.1　字符验证码

5.1.1 节介绍的雅虎初代验证码就是最初的字符验证码。在最初的验证码设计方案中，字符元素中只包含了数字和字母，虽然从字符串整体进行分类，数字和字母的组合方式可以达到几十万种，在一定程度上可以防止黑灰产的暴力破解，但是从单个数字和字母的组合来看，一共才 36 种可能，如果将字符串分割成单个字符进行分类，那么类别数会降低几个数量级，字符验证码被破解的难度将大幅降低，黑灰产利用机器批量自动化识别验证码成为可能，于是出现了规模化的机器自动化打码平台，机器自动化打码平台的工作原理如图 5.6 所示。

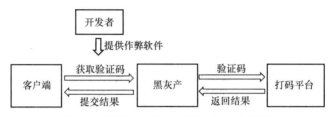

图 5.6　机器自动化打码平台的工作原理

从上图中可以看到，当黑灰产（如"羊毛党""黄牛党"）进行批量访问业务请求时，可以利用作弊软件从客户端（如网站、App、小程序等）处获取验证码，然后通过打码平台自动识别并返回验证码结果，从而实现轻松绕过字符验证码防御的目的。机器自动化打码的优点是打码效率很高。

针对黑灰产的破解方式，字符验证码做出了相应的应对措施，进一步升级字符验证码设计方案，如图 5.7 所示。

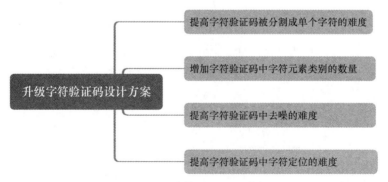

图 5.7　升级字符验证码设计方案

- 提高字符验证码被分割成单个字符的难度：主要通过减少字符间距、增加字符间的粘连甚至使字符部分重叠的方式来实现，粘连的字符验证码如图 5.8 所示。

图 5.8　粘连的字符验证码

- 增加字符验证码中字符元素类别的数量：带中文字符的字符验证码如图 5.9 所示。

图 5.9　带中文字符的字符验证码

- 提高字符验证码中去噪的难度：增加噪声的字符验证码如图 5.10 所示。

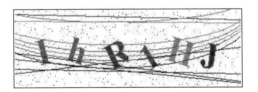

图 5.10　增加噪声的字符验证码

- 提高字符验证码中字符定位的难度：主要通过字符位置的动态改变来实现。

对于简单字符验证码，基于人工智能技术的机器可以让自动识别达到较高准确率。对于上述增加干扰、噪声等的字符验证码，机器自动识别的准确率显著降低，但真人识别准确率极高，于是出现了基于众包方式的打码平台。众包打码平台主要通过组织真人进行验证码识别，从而绕过验证码防御。众包打码平台的工作原理如图 5.11 所示。

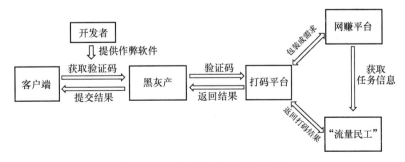

图 5.11　众包打码平台的工作原理

从上图中可以看到，打码平台会将上游传过来的验证码包装成需求，然后在网赚平台上曝光，接着"流量民工"从网赚平台领取打码兼职任务，通过人工打码的方式返回打码结果给上游验证。其中，网赚平台主要为打码平台提供引流信息，如图 5.12 所示，是打码平台触达用户的最重要渠道，网赚平台和打码平台是合作关系。

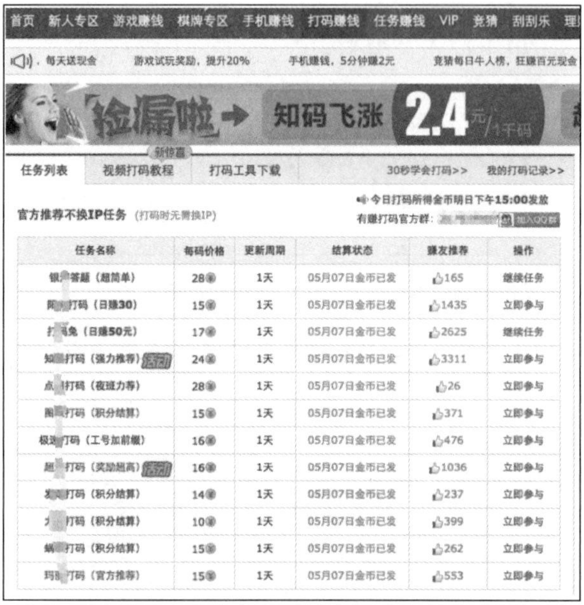

图 5.12　网赚平台为打码平台提供引流信息

从众包打码平台的整个上下游来看，其中存在着一条明显的黑灰产利益链。下游的兼职"流量民工"通过完成网赚平台分发的打码任务获得金钱奖励，网赚平台为打码平台提供引流信息获得利益分成；而中游的打码平台为上游的黑灰产提供系统化的打码服务，从中赚取提成；最后上游的黑灰产通过批量注册、"薅羊毛"等方式从业务方处获利。正是因为存在这样的利益链，众包打码平台才得以存在。

相对于机器自动化打码平台，众包打码平台的优点是打码准确率高，缺点是打码效率偏低，没有机器自动化打码的速度快，综合成本和效率考虑，黑灰产在大部分情况下依然优先使用机器自动化打码方式。

上述基于字符验证码设计方案演进的防御，更多的是单点作战模式，哪里有漏洞，就在哪里打补丁，致使业务方总是被动做出升级防御方案。但从体系化防御的角度思考，无论业务方如何升级字符验证码设计方案，黑灰产都能通过反复试探进行破解，破解字符验证码只是时间问题。基于以往实际对抗经验，从一套新的验证码设计方案的出现，到黑灰产成功破解该验证码方案，再到黑灰产集成自动化工具流入黑市，整个过程需要一定周期。如果业务方对字符验证码方案的更新速度快于黑灰产的破解速度，就可以化被动为主动，从而有效降低黑灰产破解字符验证码的成功率。因此，动态的字符验证码逐渐成为了字符验证码时代的新发展趋势。

5.3.2　行为验证码

在传统字符验证码和黑灰产之间长时间的博弈后，光学字符识别（OCR）和深度学习等人工智能技术逐渐被黑灰产掌握并应用在对抗字符验证码方案中。基于 OCR 等技术的破解方案，无论是破解精度还是破解效率都达到了新的高度，这让基于传统字符验证码的安全防御面临着前所未有的挑战。

随着黑灰产对验证码破解技术的不断革新，验证码设计方案亟待突破传统字符验证码的设计思路。于是，诞生了基于行为验证的新一代验证码——行为验证码。行为验证码主要是以图像作为内容载体，摒弃了传统验证码对字符的依赖，为验证码的设计提供了更多发挥的空间。其中，有一种比较典型的行为验证码——滑块验证码，其样式如图 5.13 所示。

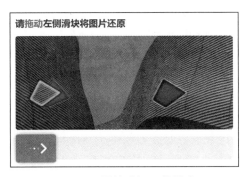

图 5.13　滑块验证码的样式

滑块验证码的基本验证原理和流程包含以下 3 个部分。

- 服务器生成滑块验证码：根据抠图模板，在服务器中用原图随机生成各种形状的滑块和带有滑块阴影的背景图片，同时保存滑块位置对应的坐标。

- 客户端获取用户相关维度信息：当用户在客户端移动滑块时，客户端会获取用户鼠标滑动轨迹和速度、滑块坐标、重试次数等相关信息，并将信息返回给服务器。

- 服务器校验验证码结果：服务器通过计算滑块最终坐标与目标坐标的误差，再结合滑动轨迹、重试次数等其他维度，利用提前训练好的机器学习模型综合得出结果。

与传统字符验证码相比，滑块验证码融合了用户行为等多个维度信息的综合判断，安全性更高。同时，用户不用键盘输入字符，只需要用鼠标轻轻一滑即可快速验证，用户交互过程更友好。因此，滑动验证码被广泛应用。

虽然滑块验证码安全性高，但是经过黑灰产人员的不断研究，通过目标检测技术以及模拟真人操作时的滑动轨迹还是可以破解滑块验证码，黑灰产对抗滑块验证码的过程如图 5.14 所示。

图 5.14　黑灰产对抗滑块验证码的过程

- 获取验证码相关图像：黑灰产会通过客户端资源文件，获取滑块图和缺口背景图。

- 识别滑块和缺口坐标：一般黑灰产通过客户端资源文件获取的图像大小和客户端实际显示的图像大小有差异，所以黑灰产会先将图像大小调整一致，然后再识别滑块和缺口的坐标。

- 计算滑块和缺口距离：黑灰产会基于滑块坐标和缺口坐标，计算出两者之间的距离，该距离即为滑块需要滑动的距离。

- 模拟人的行为滑动匹配：基于计算出的滑动距离，黑灰产会进一步模拟人的行为滑动滑块来进行匹配。例如，黑灰产会给滑动过程中的速度添加波动，以避免一直匀速滑动，或者给滑块与缺口的匹配添加一些误差，以达到模仿人的真实行为的效果。

随着滑动验证码被黑灰产攻破，业务方不得不对滑动验证码进行升级迭代，于是出现了点选图形验证码，其样式如图 5.15 所示。用户在与验证码的交互过程中，需要遵照验证码上的文字提示，按照顺序依次点击图中字符才可通过验证。对比滑动验证码，点选图形验证码融入了文字的点击顺序，在一定程度上提高了安全性，但是用户体验相对不友好。

图 5.15　点选图形验证码的样式

有些场景下的点选图形验证码还融入了机器比较难实现的语义理解，只有正确理解验证码上展示的文字语义，按语序依次点击文字，才能通过验证，这种设计方案大幅提高了安全性，但是用户体验较差，基于语义理解的点选图形验证码样式如图 5.16 所示。

图 5.16　基于语义理解的点选图形验证码样式

至此，验证码设计层面的攻防对抗从"死磕"字符验证码的困境中脱身，开辟了一片新的"战场"，正式进入了行为验证码的时代。为了拦截黑灰产流量，一些业务方会在安全性和用户体验上做取舍，通过引入一些非常复杂的行为验证码来提高安全性，但是会以牺牲用户的体验为代价。因此，主流平台更多还是使用滑块验证码，在保证用户体验的同时，通过采集更多行为数据和设备指纹数据来训练服务器的机器学习异常检测模型，进而识别欺诈流量。

5.3.3　新型验证码

为了在用户体验和安全防护中做权衡，考虑到不同场景下的精细化需求，新型验证码朝着高安全性、用户交互友好两个大方向不断进化。其中，高安全性主要从"哪些是人类容易做到但机器却很难做到"的方向继续创新，用户交互友好主要从操作的简单性、趣味性方向提升。目前应用比较广泛的新型验证码有智能推理验证码、无感验证码等。

智能推理验证码主要基于逻辑推理和空间想象力这两个人类擅长而当前机器难以企及的角度设计，其样式如图 5.17 所示。用户只需遵照验证码上的文字提示，通过逻辑推理，再结合一定的多维空间想象力，找到图中正确的元素并点击即可。这类新型验证码的优点是高安全性，缺点是需要一定的理解能力才能做到，用户交互相对不够友好。智能推理验证码常用于账号解冻、密码找回等高安全需求的互联网流量欺诈风险场景。

无感验证码是基于用户行为信息、环境信息和设备指纹等多维度信息，综合进行智能人机识别的新型验证方式，其设计原理如图 5.18 所示。

图 5.17   智能推理验证码的样式

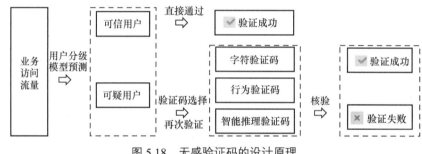

图 5.18   无感验证码的设计原理

首先，针对业务访问流量，通过用户分级模型对用户风险情况进行综合判断，并将用户划分成可信用户和可疑用户。其中，用户分级模型主要融合了以下维度的信息。

- 用户环境信息：访问 IP、浏览器 User-Agent、Cookie、操作系统信息等。

- 用户行为信息：访问频次、按钮点击时长、键盘敲击速度、鼠标滑动轨迹等。

- 用户其他维度信息。

其次，针对不同风险等级用户做出不同处置决策。针对可信用户，可以直接无感快速通过，减少对用户的打扰；而针对可疑用户，可以根据风险程度自动弹出不同难度级别的验证码进行二次核验，例如给用户弹出行为验证码或者智能推理验证码进行再次验证。

最后，为了提高安全性，无感验证码在图片存储环节，会采用图片定时更新、图片变异等方式防止黑灰产暴力破解；而在验证码图片的传输过程中，采用图片乱序切割和传输，从而提高安全性。此外，结合设备关联性、IP 关联性等异常检测策略来防范黑灰产的批量攻击。无感验证码的优点是安全性高、用户体验很好。无感验证码的样式如图 5.19 所示。

图 5.19　无感验证码的样式

5.4　小结

　　本章主要从流量欺诈的第一道安全防线（即人机验证）角度，系统地阐述了人机验证的攻防演进过程。首先，从验证码的诞生、应用场景和构建框架开始，介绍了人机验证的基础知识，让读者对人机验证有了初步认识。接着，从验证码实现流程中涉及的客户端和服务器端，介绍了人机验证基础层面的攻防。最后，从字符验证码、行为验证码到新型验证码的攻防演进过程，介绍了验证码设计层面的攻防，帮助读者对人机验证攻防建立系统性的认识。

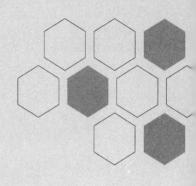

第 6 章
规则引擎

人机验证作为流量安全的第一道防线，主要针对流量进入平台前的欺诈行为进行拦截，而对于已进入平台内的欺诈流量，需要基于规则引擎进行进一步对抗。规则引擎主要包含风险名单和专家规则两部分，其中，专家规则部分可分为通用规则和业务定制规则。规则引擎的工作原理如图 6.1 所示。

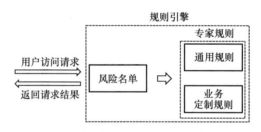

图 6.1　规则引擎的工作原理

6.1　风险名单

在流量欺诈场景中，黑灰产作弊会使用代理 IP、猫池设备和群控设备等黑灰产资源，但这些黑灰产资源需要一定的投入，而且越是高质量的资源，黑灰产付出的成本就越高。为了节省成本，黑灰产会反复利用已经掌握的黑灰产资源在多个业务平台进行欺诈，直到这批黑灰产资源在大多数业务平台中失效为止。因此，业务方可以积累或者引入多方的黑灰产资源风险数据，整理出风险名单用于业务风险防控。

6.1.1　风险名单基础

按照风险等级，风险名单可以分为 3 种，具体说明如下。

- 黑名单：主要指明显违背业务平台规则，给业务带来高风险的用户或资源集合，黑名单可以直接用于拦截高风险用户，避免欺诈事件反复发生。黑名单主要从流量欺诈涉及的要素或者资源来构建，其范围包括高风险账号、高风险手机号、秒拨 IP、群控设备等。

- 白名单：主要指与业务有合作关系或者需被重点保护的用户或资源集合，可用于高置信度用户的直接放行。白名单的范围主要包括高质量账号、合作方手机号、基站 IP、企业 IP 等。例如某会议产品，通常会把正规企业身份的账号作为高质量用户，将其纳入白名单进行重点保护。

- 灰名单：主要指在业务上存在一定风险的用户或资源集合，该名单中收集的对象主要用于可疑监控。灰名单的范围包括可疑账号、可疑代理 IP、改机设备、可疑虚拟运营商手机号等。例如在流量欺诈场景中，大部分黑灰产是通过设备改机将自身伪装起来进行作弊，但普通用户也会改机，所以不能将设备改机直接判定为恶意行为，只能将其视为疑似风险行为并纳入灰名单进行可疑监控。

根据具体业务场景的不同，风险名单的侧重范围会略有差异，上述风险名单范围仅供参考，需要根据业务的实际情况进行相应调整。例如，多头借贷的用户在金融流量欺诈场景中属于灰名单中的用户，而在营销推广流量欺诈场景中却不属于灰名单中的用户。

为了避免同一批黑灰产资源反复在多个业务场景中进行欺诈，风险名单往往是通过收集多方数据进行构建，其数据来源主要涉及如下 3 个方面。

- 业务自有数据来源：主要基于自身业务数据，根据业务风险防控需求进行积累和收集，这是最主要的名单数据来源。

- 跨平台跨业务来源：主要通过与相关第三方业务平台合作引入，或者通过协同共建行业风险名单，提升整个行业的安全防护能力。

- 公开名单来源：主要基于自身业务风险防控需求，引入公检法黑名单和反洗钱名单等。

6.1.2　风险名单的攻防演进

风险名单的设计是与业务场景、业务标准和安全治理的目标等相关的，为了提升防控效果，风险名单要随着业务平台所处生命周期的不同而进行相应的变化。

- 业务初期的风险名单设计

在业务上线初期，平台处于冷启动阶段，还没有累积足够的业务数据来搭建完备的风控体系，此时更倾向于收集或引入第三方名单数据，通过快速部署上线进行风险防控。接下来，以业务初期金融流量欺诈场景的黑名单为例，该场景下黑名单的参考范围如表 6.1 所示，来介绍业务初期的风险名单设计。

表 6.1   业务初期金融流量欺诈场景下黑名单的参考范围

黑名单维度	黑名单参考范围
个人名单	公安通缉名单、法院失信被执行人名单、央行反洗钱名单等
企业名单	失信企业名单、反洗钱被制裁的企业名单等
地域名单	行业内公布的反洗钱高风险地区等
常用资源	手机号（金融黑中介号、接码平台黑号、虚拟运营商黑号等） IP（恶意代理 IP、秒拨 IP 等） 设备（虚假设备 ID、模拟器、群控设备等）

业务初期的目标主要是通过最基础的风险名单，拦截一些明显的黑灰产欺诈行为，帮助初期业务先健康运行起来。但业务初期风险名单的缺点是不够精细化，当名单限制严格时，恶意检出覆盖率比较低。

* 业务成熟期的风险名单设计

经历业务初期的黑灰产对抗后，黑灰产会通过各种手段绕开风控规则，所以原有的风险名单容易失效。在业务成熟期，可以基于积累的历史业务数据，进一步构建业务自身特定的风险名单。业务成熟期金融流量欺诈场景下黑名单的参考范围如表 6.2 所示。

表 6.2   业务成熟期金融流量欺诈场景下黑名单的参考范围

黑名单维度	黑名单参考范围
个人名单	公安通缉名单、法院失信被执行人名单、央行反洗钱名单等、业务历史逾期个人名单、业务多头借贷风险个人名单等
企业名单	失信企业名单、反洗钱被制裁的企业名单等、业务历史逾期企业名单、业务多头借贷风险企业名单等
地域名单	行业内公布的反洗钱高风险地区、自身业务特有的风险聚集地区等
常用资源	手机号（业务历史逾期号码、金融黑中介号、接码平台黑号、虚拟运营商黑号等） IP（业务历史累积黑 IP、恶意代理 IP、秒拨 IP 等） 设备（业务历史累积黑设备、虚假设备 ID、模拟器、群控设备等）

从业务成熟期的黑名单中可以看出，相对业务初期的黑名单，业务成熟期的黑名单新增了业务自身积累的一些黑数据，进一步从业务角度对名单数据进行了补充和完善，提升了业务方的风险防控能力。同理，白名单和灰名单的构建和使用逻辑同黑名单类似，具体名单可以基于业务的标准和目标进行灵活调整。

6.1.3   风险名单上线和运营

在完成名单的设计后，接下来要对风险名单进行部署上线。在部署上线过程中，重点需要考虑名单的更新周期、存储方式和淘汰机制等。

1．更新周期

风险名单涉及业务自身积累的名单数据和第三方名单数据，由于数据来源不同，因此更新周期会有差异。基于业务自有数据构建的名单数据，更新周期可控，一般按天粒度更新。而对于第三方来源的名单数据，一般根据第三方数据特点来决定更新周期，如征信失信名单数据，需要依赖第三方的数据更新标准来更新名单数据。

2．存储方式

名单数据的存储方式主要取决于名单的使用场景和特点。名单数据的应用主要具有以下3个特点。

- 高频使用：风险名单筛查是前置风险筛查中不可或缺的关键环节，因为每次用户访问都需要经过风险名单筛查，所以会频繁用到风险名单。

- 相对静态：一般名单数据的有效周期较长，短时间内的变化不大。

- 量级不大：名单数据的量级一般不会很大，存储开销小。

基于名单数据以上的特点，一般会将名单数据直接存储在内存或者高性能的键值对系统中，方便快速匹配识别黑灰产的流量欺诈行为。

3．淘汰机制

在完成名单数据部署上线后，接下来需要进行应用效果闭环监控，防止名单数据过期而引发误处罚。可以通过外网客诉比例、外网实时处罚比例等线上实时指标监控线上应用效果。

以手机号黑名单为例，手机号是黑灰产流量欺诈常用的资源之一，为了节省成本，黑灰产一般会批量控制一批黑号在各平台持续作恶，直到这批黑号在大部分平台因风控拦截失效而被弃用。对于这些被黑灰产弃用后长期未使用的手机号，运营商会重新回收，然后重新放号到市面上，重新获得这批号码的用户可能是正常用户。此时，如果业务方的手机号黑名单没有及时更新并淘汰这批黑灰产弃用的手机号，就很容易造成误处罚的风险，因此，建立行之有效的风险名单淘汰机制是必不可少的。

线上风险名单的淘汰机制，一般可以从以下两个方面考虑。

- 主动式淘汰机制：通过对风险名单设置固定时间范围的有效期，主动淘汰过期的名单数据，例如每天将距离当前近 N 天的名单数据更新到线上，覆盖掉前一天的名单数据，或者通过业务画像淘汰数据，当命中风险名单但用户行为画像偏白时，可以及时淘汰数据，或者通过第三方同步数据，如运营商的号码回收数据，来淘汰历史的黑手机号。

- 被动式淘汰机制：主要基于线上风险名单命中情况，计算在外网引起的投诉比例等实时指标，从而进行监控，一旦触发告警阈值，就将名单中对应数据设置为失效，避免引起外网大规模的误处罚。

根据业务的具体实际情况，可以综合应用上述两种淘汰机制。

6.2 通用规则

针对流量欺诈场景，风险名单主要用于拦截曾经有过欺诈行为的账号、IP 和设备等黑灰产资源，而对于新出现的或者未被风险名单收集过的黑灰产资源，需要基于专家规则来进一步防控。专家规则主要来源于以往的对抗经验和数据分析结果，其优点是方法简单且解释性强。

专家规则可分为通用规则和业务定制规则，通用规则主要基于黑灰产欺诈过程中必不可少的黑灰产资源进行构建，如 IP、设备和账号等黑灰产资源；而业务定制规则主要基于各业务特点进行定制。接下来，先从 IP、设备和账号 3 个维度对通用规则进行阐述，通用规则的对抗思路如图 6.2 所示。

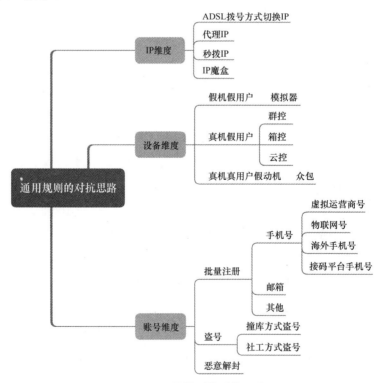

图 6.2 通用规则的对抗思路

6.2.1　IP 策略的攻防演进

IP 作为互联网流量访问最基础的身份标识，在黑灰产进行批量注册、"薅羊毛"、刷榜和撞库等流量欺诈过程中，IP 资源都属于必备的资源，IP 资源的黑灰产应用场景如图 6.3 所示。

图 6.3　IP 资源的黑灰产应用场景

由于 IP 资源是有限的，尤其是 IPv4 资源的使用已趋于紧张，而 IP 资源又是黑灰产流量欺诈的必备资源，因此 IP 资源一直以来都是业务方和黑灰产之间博弈最激烈的攻防点之一。

为了防止黑灰产利用 IP 资源反复进行流量欺诈，业务方往往会从 IP 层面进行限制，例如同一个 IP 在一定时间内访问次数不能超过 N 次，以此来降低被黑灰产反复攻击的风险。针对业务方 IP 层面的限制，黑灰产利用 IP 资源的欺诈手法不断变化，黑灰产 IP 手法的演进过程如图 6.4 所示，同时业务方也在不断升级 IP 规则策略进行封堵，接下来具体阐述双方攻防演进的过程。

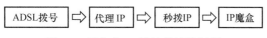

图 6.4　黑灰产 IP 手法的演进过程

1. 阶段一：针对基于 ADSL 拨号欺诈手法的防控

针对业务方的 IP 频控策略，黑灰产通过 IP 切换的方式来绕过。前期主要是通过 ADSL 拨号的方式进行切换，基于以太网上的点对点协议（Point-to-Point Protocol over Ethernet，PPPoE）的原理，通过反复断电获取新的 IP，ADSL 拨号有以下 3 个特点。

- IP 获取范围窄：只能获取到相邻 IP 段的 IP，无法跨越更大的网段和地域。

- IP 切换速度慢：由于重新拨号需要间隔一定时间，因此无法高效地实现 IP 切换。

- 自动化程度不高：此阶段的拨号切换 IP 手法，还不能达到很高的自动化程度。

针对这种前期的 IP 切换手法，业务防控较容易，可以通过收集沉淀 IP 黑库、制定一些简单的 IP 频次规则进行防御。

2. 阶段二：针对基于代理 IP 欺诈手法的防控

随着业务方的 IP 风控封堵，黑灰产进一步升级 IP 资源对抗。这阶段主要通过代理 IP 的方式隐藏自身真实 IP，通过将自身 IP 伪装起来，绕过业务方 IP 频控策略的封堵。代理 IP 的工作原理如图 6.5 所示。

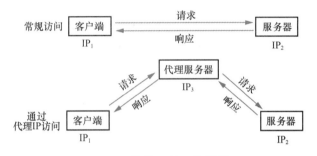

图 6.5 代理 IP 的工作原理

从图 6.5 中可以看出，当黑灰产向目标网站发起请求时，正常情况下是将请求直接发送给目标网站的服务器，然后目标网站的服务器直接返回请求结果给黑灰产的客户端。在这种情况下，黑灰产的 IP 会直接暴露给目标网站，从而被风控拦截。而在增加了代理服务器（即代理 IP）后，代理服务器其实是一个中间角色，相当于在黑灰产和目标网站之间增加了一个中转站，此时，黑灰产不是直接向目标网站发起请求，而是通过代理服务器向目标网站发起请求，目标网站将请求结果返回给代理服务器，然后再由代理服务器返回给黑灰产的客户端。这样就可以做到只将代理服务器的 IP 暴露给目标网站，而隐藏了黑灰产的 IP，通过大量代理 IP 的不断切换，就可以绕过目标网站的 IP 风控策略。

虽然黑灰产可以通过代理 IP 巧妙隐藏自身真实 IP，但是业务方也可以通过代理 IP 的获取渠道来分级对抗，主要有以下两种对抗方案。

- 基于代理 IP 黑库的对抗方案。该方案主要是针对低质量的代理 IP 设置代理 IP 黑库进行拦截，例如通过爬取、扫描等方式，从互联网上获取到公共免费代理 IP，这些

IP 被多方共用且被反复使用，业务方可以通过收集积累代理 IP 黑库进行拦截。

- 基于代理 IP 协议检测的对抗方案。该方案主要针对的是高质量的代理 IP，例如一些代理 IP 商自建的、私密且短时高匿的 IP，这些 IP 由于不是互联网公共的代理 IP，一般难以被代理 IP 黑库收集。因为代理 IP 的本质是服务器 IP，所以一方面可以通过沉淀的 IDC IP 黑库进行封堵，另一方面还可以通过不同类型代理协议检测的常用端口进行识别。根据协议类型的不同，代理 IP 的常用端口可以分为如下 4 种，如表 6.3 所示。

表 6.3　代理 IP 协议类型

代理类型	代理协议	常用端口	用途
HTTP 代理	HTTP	80、8080、3128 等端口	转发 HTTP 请求，一般是 Web 访问
HTTPS 代理	HTTPS	443 等端口	转发 HTTPS 请求，一般是 HTTPS 代理，也可以是 HTTP 代理
Socks 代理	Socks4 或 5	1080 端口	可以转发任意类型的请求
FTP 代理	FTP	21、2121 等端口	FTP 转发、跳板、缓存

3. 阶段三：针对基于秒拨 IP 欺诈手法的防控

由于代理 IP 资源有限，而且代理 IP 很少被正常用户使用，因此代理 IP 容易被业务方的风控策略直接拦截。此时黑灰产又开始关注资源相对更丰富的宽带 IP 资源池，利用秒拨 IP 技术将黑灰产的流量混杂在正常的宽带用户流量中，以达到绕过业务方 IP 风控的目的。

由于 IPv4 的资源比较紧张，为了提高 IP 利用率，运营商通过 IP 动态分配机制，将共享 IP 池中的空闲 IP 充分利用起来。黑灰产的秒拨 IP 技术就是基于 IP 动态分配机制这个特点，利用虚拟化和云计算等技术将掌握的宽带资源打包成云服务，并通过软路由统一管理和调配宽带资源。由于可以做到秒级的 IP 切换速度，因此该技术又被称为秒拨 IP。如果将多个省市的秒拨 IP 资源贯通使用，那么就是 VPS 混拨 IP，其管理界面如图 6.6 所示，目前市面上主流的 VPS 混拨 IP 工具可以混拨国内几百个城市的 IP 资源，有些甚至可以混拨部分海外的 IP 资源。

由于 VPS 混拨 IP 可以跨城市调度且具备切换速度快的特点，因此原有的 IP 黑库积累方式不再适用，IP 侧的业务防控难度再次升级。虽然从 IP 角度很难直接识别到黑灰产使用 VPS 混拨 IP，但是结合设备维度分析可以发现，同一设备在短时间内切换使用了大量 IP，且这些 IP 涉及多个省市地区，不符合正常设备使用 IP 的情况，于是可以基于这一点构建策略识别黑灰产的 VPS 混拨 IP 行为。因为 VPS 混拨 IP 混在正常用户的宽带流量中，所以此时的风控策略需要因业务数据情况制定。

图 6.6　VPS 混拨 IP 的管理界面

4. 阶段四：针对基于 IP 魔盒欺诈手法的防控

随着双方博弈逐渐深入，黑灰产逐渐将视线转移到了基站 IP 资源上，因为基站 IP 下有很多正常用户，所以更有利于黑灰产利用大量正常用户来隐藏自身。黑灰产基于秒拨 IP 技术，逐渐衍生出了可以快速自动切换基站 IP 的工具——IP 魔盒，从而进一步绕过业务方的 IP 风控规则。IP 魔盒如图 6.7 所示。

图 6.7　IP 魔盒

从图 6.7 中可以看出，IP 魔盒是一个带 USB、SIM 卡槽等核心部件的硬件小盒子，其中 SIM 卡槽一般支持联通、移动和电信三大运营商的手机卡，有些甚至支持海外手机卡。IP 魔盒通过 USB 连接 PC 后，就可以使 PC 连接到 5G 或者 4G 移动网络，此时 PC 使用的 IP 就是 5G 或者 4G 网络的基站 IP，然后通过 IP 魔盒配套的自动脚本工具，就可以实现快速自动切换基站 IP 的功能。

由于 IP 魔盒使用的是基站 IP 资源，而基站 IP 一般影响用户面很广，因此业务方即使识别出了这些黑灰产隐藏的基站 IP，为避免误伤大量正常用户，也不敢贸然封禁。此时 IP 魔盒的数据可以用于查模型，提供可疑样本数据，然后通过设备等维度进一步判别。接下来，将从设备维度的攻防演进来阐述实战过程。

6.2.2　设备策略的攻防演进

设备作为互联网承载信息的硬件载体，是黑灰产流量欺诈必不可少的资源之一。黑灰产为了提高利润，尽可能地降低硬件成本，通常会将设备的使用达到极致，例如一台黑灰产设备通常会批量登录多个黑灰产账号进行欺诈。但业务方往往会限制设备的账号登录数，为了绕过业务方对设备维度的限制策略，黑灰产也进行了一系列欺诈手法的尝试，黑灰产设备维度的欺诈手法的演进过程如图 6.8 所示。

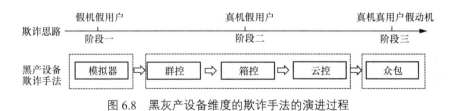

图 6.8　黑灰产设备维度的欺诈手法的演进过程

接下来，针对业务方风控和黑灰产绕过手段的攻防演进过程进行具体阐述。

1. 阶段一：针对黑灰产假机假用户的防控

由于业务方对设备注册或登录账号数存在限制，因此黑灰产首先想到的突破思路是伪造假机，且使用的账号也不是真实用户的账号，该阶段黑灰产的欺诈思路为假机假用户，其中主要有以下两种假机类型。

- 改机：主要通过改机工具从系统层面伪造移动设备的信息，让业务方上报获取到经过伪造后的虚假信息，从而使业务方基于系统参数构建的设备指纹在一定程度上失效，例如修改设备的 IMEI、MAC 地址、型号等系统信息。

- 模拟器：主要是在 PC 端通过模拟器虚拟出多台手机设备，每台虚拟手机设备跟真机一样，伪造 IMEI、MAC 地址等系统信息，足以达到以假乱真的效果。

针对黑灰产伪造假机进行流量欺诈的情况，业务方会根据具体类型实施防控，有以下两种常见的防控方式。

- 黑灰产改机防控。在出现 Android Q 之前，设备唯一性 ID 主要是指 IMEI，黑灰产通过改机伪造 IMEI 信息。针对这种情况，业务方主要基于常用 IMEI 段或者 IMEI 自带的合法性校验两种方式进行假机防控。例如，将 IMEI 前 14 位数字通过 Luhn 算法计算得出检验位，然后与 IMEI 的第 15 位验证码进行核验，可以识别出黑灰产伪造的不合法 IMEI。而在出现了 Android Q 之后，由于 IMEI 未经用户授权不能被上报等原因，各大厂商开始构建去中心化的设备唯一性 ID——设备 OAID。但是因为 OAID 无法像 IMEI 一样进行合法性验证，所以在 OAID 设备标识体系下，只能通过其他方案进行改机防控。

- 黑灰产模拟器防控：模拟器更多应用在 PC 端，移动端相对要少一些。针对黑灰产在 PC 端使用的模拟器，一方面可以从这个虚拟的设备向业务方上报的应用层面信息来看，是否安装模拟器特有的内置应用，如模拟器的输入法、应用商店等。另一方面可以从这个虚拟的设备向业务方上报的系统信息来看，是否有"模拟器"相关的特定关键词等，如模拟器特定的机型、WiFi、蓝牙等系统信息。

2. 阶段二：针对黑灰产真机假用户的防控

黑灰产基于假机假用户方式进行流量欺诈的伪造痕迹比较明显，容易被业务方防控。于是，黑灰产从假机假用户思路切换到真机假用户思路，即用真机群控替代假机，来提升业务方的识别难度。其中，真机群控主要是通过一台 PC 批量控制手机设备进行欺诈操作，真机群控的原理如图 6.9 所示。

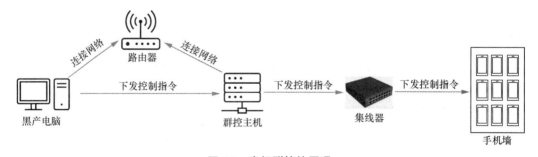

图 6.9　真机群控的原理

从图 6.9 中可以看出，PC 与手机设备之间需要物理连接，不能实现远程控制。真机群控如图 6.10 所示。

图 6.10　真机群控

从图 6.10 中可以看出，当黑灰产需要扩大规模时，需要投入更多的真机设备，但随之带来的问题是大量的设备需要占用更大的地方，不方便运营和管理，且成本比较高。因此，黑灰产设备又逐渐衍生出箱控，如图 6.11 所示。

图 6.11　箱控

箱控不是像群控那样直接控制真机，而是通过将多台手机的主板直接集成的方式进行统一管理，去除手机中占体积的外壳等多余部件，只留下最核心的部分，然后将手机画面信息传输到 PC 上统一显示。这样极大地减小了体积，大幅降低了黑灰产的设备运营成本。

真机群控和箱控都使用的是真机。为了降低成本，黑灰产一般会从二手市场批量购买廉价的旧手机，这些手机有些甚至已经被市场淘汰了、鲜有正常用户在用。另外，真机群控一般都是放置在手机支架上静止不动，长时间处于充电状态。基于这些特点，业务方可以通过手机机型、手机陀螺仪、加速度计、手机电池状态等系统信息进行综合识别。

随着对抗升级，基于群控又进一步衍生出了可以远程批量控制的云控系统。云控系统摆脱了手机和 PC 的物理连接，只需要手机获取了 root 权限且安装了云控系统，就可以实现远程控制。相对于传统群控，云控系统的手机设备不受地域限制，不需要完全集中在一个地方，更符合正常用户的使用行为，提升了业务方的防控难度。此时业务方可以基于手机是否获取 root 权限、是否安装与云控相关的可疑工具来监控。

3．阶段三：针对黑灰产真机真用户假动机的防控

黑灰产利用真机替代假机，虽然在一定程度上提高了识别设备的难度，但毕竟不是真正的用户，业务方可以构建行为策略进行识别防控。于是黑灰产转用真机真用户假动机替代真机假用户，进一步提升识别难度。而这里的真机真用户假动机，其实就是以众包的方式将黑灰产任务分发给普通兼职用户操作完成，而兼职用户通过完成任务领取金钱奖励。由于参与其中的兼职用户是正常真实用户，设备也是正常的真实设备，只是操作动机存疑，因此这也大幅提高了业务方的识别难度。

针对黑灰产的众包方式，业务方目前主要会检测设备维度，并通过是否使用众包等相关工具进行判别。

6.2.3　账号策略的攻防演进

在互联网流量场景中，账号是业务方标识用户的唯一性 ID，是用户进入平台活动的"身份证"，所以账号也是黑灰产流量欺诈必不可少的资源之一。黑灰产获取风险账号主要有 3 个来源：批量注册、盗号和账号恶意解封。接下来，根据风险账号来源的不同，来具体阐述账号层面的防控方案，账号层面的防控思路如图 6.12 所示。

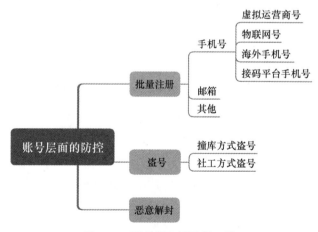

图 6.12　账号层面的防控思路

1．针对批量注册来源的黑灰产风险账号防控

用户登录业务平台主要有两种方式：第三方账号快捷登录和注册账号登录。其中，第三方账号快捷登录主要是通过用户授权，将微信和 QQ 等第三方的账号直接绑定到当前业务账号 ID 进行快捷登录，基于这种方式登录的账号主要是通过后面的业务定制规则进行风险防控。而注册账号登录主要是基于手机号或邮箱等用户关键信息注册账号后再进行登录，针对这种方式登录的账号可以基于账号通用规则进行防控，下文主要以手机号批量注册为例来阐述。

基于手机号批量注册黑灰产账号主要可分为 4 种方式：虚拟运营商号、物联网号、海外手机号和接码平台手机号。接下来，针对这 4 种批量注册方式来详细阐述防控方案。

（1）针对虚拟运营商号的防控

如果黑灰产要通过批量注册获取大量业务账号，首先要解决的是注册环节使用的手机号资源。而营业大厅正常办理的手机号均需要实名制，办理门槛高且办理数量受限制。于是黑灰产将视线转移到办理虚拟运营商号。虚拟运营商号主要是以 162、165、170 和 171 等号段开头的手机号，通过线上即可办理，于是比较容易绕过实名认证，获取成本相对低，受到黑灰产青睐。业务方针对黑灰产利用虚拟运营商号批量注册的行为，主要是通过构建虚拟运营商号段策略进行识别和防控，可以提高黑灰产的注册门槛。

（2）针对物联网号的防控

除了虚拟运营商号，物联网号也是黑灰产的另一种低成本获取手机号资源的渠道。物联网号是以 146、148 等号段开头的纯流量卡，主要用于智能硬件的联网和管理。由于纯流量卡的套餐资费要比普通卡便宜很多，深受黑灰产青睐。针对黑灰产在注册环节批量使用物联网号的行为，业务方主要通过构建物联网号段策略进行识别和防控，从而提高黑灰产注册和使用物联网号的门槛。

（3）针对海外手机号的防控

随着业务方对国内虚拟运营商号和物联网号的防控趋严，黑灰产批量注册使用的手机号资源有限，黑灰产开始逐渐将视线转移到海外。由于东南亚这些国家的手机卡也支持 GSM 网络，无须实名认证即可直接使用，且套餐资费便宜、成本低廉。于是黑灰产开始转用海外手机号来代替之前的黑号资源。针对黑灰产在注册环节批量使用海外手机号的行为，业务方主要通过积累海外手机号黑库和海外地理位置风险程度来综合识别。

（4）针对接码平台手机号的防控

在流量欺诈场景中，黑灰产上游产业链提供丰富的接码平台手机号，可以直接购买这些接码平台手机号用于批量注册。业务方可以通过监控和收集各大接码平台的黑号，构建接码黑号库来防控黑灰产，从而达到事半功倍的防控效果。

2. 针对盗号来源的黑灰产风险账号的防控

目前黑灰产主流的盗号方式主要有两大类：基于撞库方式盗号和基于社工方式盗号。接下来，将对这两种盗号方式的防控方案进行详细介绍。

（1）基于撞库方式盗号的防控

随着互联网平台的逐渐增多，用户在各平台注册账号时需要记住的密码也越来越多，为了简单方便，大部分用户习惯不同平台共用同一套密码，从而带来了被黑灰产撞库盗号的风险。这种盗号方式的大致原理是：黑灰产先攻破安全性差的 A 平台获取用户个人信息，然后再利用获取到的信息去 B 平台进行暴力匹配完成盗号。黑灰产基于撞库方式盗号的产业链如图 6.13 所示，主要包含拖库、洗库、撞库、售卖变现和社工库这 5 个环节。

- 拖库：主要是指黑灰产利用漏洞扫描、SQL 注入等方式，攻击业务方的数据库，非法批量获取用户个人信息。一般大型互联网平台的风控能力比较强，黑灰产很难攻破其防控，所以安全性差的中小型互联网平台的数据库往往会成为黑灰产的攻击目标。

- 洗库：黑灰产针对上一步获取到的数据库中的用户个人信息，通过清洗、筛选和归类，剥离出有价值的个人信息或者账号，如有游戏币或者游戏装备的游戏账号。

- 撞库：基于洗库过程整理出的用户个人信息，黑灰产利用自动化工具暴力匹配或破解其他平台的账号。

- 售卖变现：黑灰产将筛选出的有价值的个人信息或者账号，售卖给产业链下游相关人员变现。

- 社工库：通过拖库、洗库和撞库提取到的用户个人信息，最终会汇总到黑灰产的社工库，黑灰产利用社工库中的用户个人信息画像，针对特定人群进行诈骗或者勒索。

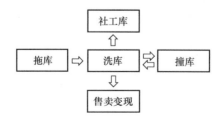

图 6.13 黑灰产基于撞库方式盗号的产业链

通过撞库方式被盗的受害者账号，一般是因为盗号前账号密码设置过于简单或者多平台共用同一账号密码，且账号所有者疏于管理，账号活跃度低等原因而被盗取。因此，业务方的防控思路可以从两个角度出发：一是盗号前防控，业务平台需根据业务所属的安全等级，对用户设置的密码复杂程度提出要求；二是盗号后防控，黑灰产利用盗号资源进行流量欺诈，主要考虑被盗账号被再次使用可能会经历的 4 个环节，如图 6.14 所示。

图 6.14　被盗账号被再次使用的 4 个环节

针对这 4 个环节，业务方需要构建针对性的策略进行防控。

首先，在新设备登录环节，黑灰产可能会以拦截扫号或撞库方式来登录账号，新设备登录环节的防控策略如图 6.15 所示。防控策略以漏斗形式构建，先核验密码，若密码错误次数太多，则有可能是黑灰产的多次反复尝试碰撞，有疑似盗号的风险；若密码正确，但是在登录环境核验阶段为异常，则也有疑似盗号的风险，这是因为黑灰产虽然知道正确的密码，但是往往会存在异常环境聚集性，如共用 IP 登录多个被盗账号。

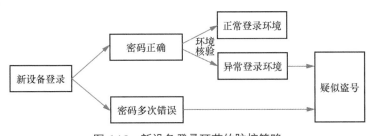

图 6.15　新设备登录环节的防控策略

其次，在二次验证环节，需要根据风险等级设置不同难度的验证策略。对于第一步识别出来的可疑登录账号，需要进入二次验证环节。此环节会根据登录账号的可疑风险等级，设置不同难度的验证问题，进一步提高登录门槛，提升黑灰产欺诈成本。

最后，在登录后的 N 小时内，对该账号的行为密切关注和风险检测。在黑灰产绕过新设备登录环节的风控，正常登录被盗账号后，其行为往往会与正常账号有差异。黑灰产登录被盗账号的主要目的是获利，其行为往往会倾向于转移原账号的资产、修改头像、签名引流、发布大量违规信息和实施诈骗等异常操作。因此，针对账号登录后 N 小时内的异常行为检测，可以进一步防控黑灰产行为。

（2）基于社工方式盗号的防控

黑灰产通过各种提前设计好的剧本，一步步诱导用户暴露账号密码或者验证码等关键信息，从而完成盗号。由于基于社工方式盗号的成本较高，黑灰产主要将该方式精准用于盗取高质量社交靓号或高价值业务账号等。

业务方的防控思路主要可分为两方面：一是盗号前防控，业务方需根据当前流行的欺诈剧本，对用户进行一定的安全教育和风险提醒；二是盗号后防控，这与基于撞库方式盗号的防控思路一样，主要进行被盗账号被再次使用时的防控。

3. 针对恶意解封黑灰产风险账号的防控

随着互联网相关业务方的防控策略趋严，大量黑灰产账号被封号，黑灰产可用的账号资源越来越紧张，于是黑灰产圈出现了通过批量申请账号解封，重新获取被封账号资源的情况。这种恶意解封方式，主要是通过黑灰产掌握的大量身份证资源和虚拟运营商等手机号资源，绕过业务方在解封环节设置的策略，从而实现恶意批量解封，重新获取到大量解封账号资源。

针对黑灰产恶意解封风险账号的行为，业务平台的防控策略可以从如下 3 个方面来构建。

- 解封所需的频控策略：一个账号在业务规定时间内只能用同一个手机号或者身份证解封；同理，一个手机号或者身份证在业务规定时间内也只能解封一个账号，以此提高黑灰产恶意解封账号的门槛。

- 担保人辅助防控策略：当账号申请解封时，要求申请方必须 N 位正常用户的辅助确认才能解封，以此来提高解封门槛，提高黑灰产解封账号的成本。

- 人脸验证防控策略：当账号申请解封时，要求申请方必须经过人脸实时动态验证，只有当申请解封方与账号绑定的身份证人脸信息一致时，才予以通过。

6.3　业务定制规则

通用规则主要从黑灰产欺诈过程中必不可少的资源角度来构建，所用的数据维度相对较少，黑灰产容易绕过风控。而业务定制规则是从成百上千的业务数据维度中抽象出规则，黑灰产对抗成本高，但同时也带来了业务方提取规则人力成本高的问题，导致对抗效果很大程度受限于人力投入。因此，可以建立智能化的规则引擎系统，从而降低人力成本，提升与黑灰产对抗的效果。

智能规则引擎系统如图 6.16 所示，主要由 6 个核心模块构成：规则智能预处理模块、规则智能构建模块、规则智能筛选模块、规则智能上线模块、规则智能匹配处罚模块和规则智能监控模块。

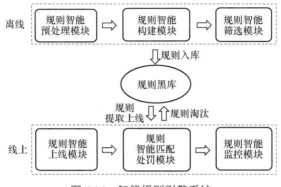

图 6.16　智能规则引擎系统

6.3.1　规则智能预处理模块

由于互联网业务产生的原始日志类型繁多，涉及的字段格式也多种多样，因此在输入智能规则引擎系统前，需要标准化输入格式。接下来，以设备维度的业务定制规则为例进行阐述。

- 基于时间范围裁剪：为了及时发现欺诈行为，云查数据的时间范围选取不能太长，最好是筛选近 K 小时内的数据。

- 基于列的裁剪：为了减少计算量，把明显没有恶意痕迹的无用字段剔除。

- 基于行的裁剪：由于客户端上报数据不一定都会成功，因此会存在一些空值的情况，对于没有信息量的空值行，可以直接剔除。

- 字段取值离散化。

通过上述方式预处理数据后，可以得到标准化结果。流量欺诈环境的设备画像特征数据如表 6.4 所示。

表 6.4　流量欺诈场景的设备画像特征数据

类型	画像特征	含义
设备	F_1	刻画设备的基础属性，如机型
	F_2	刻画设备的风险工具类属性，如众包
	……	……
	F_N	刻画设备的风险工具类属性，如多开

6.3.2　规则智能构建模块

1. 步骤一：基于 1-gram 进行规则维度初筛

虽然我们已经剔除了规则智能预处理模块中的冗余字段，但这只是基于业务经验的初步裁剪，还有一些冗余维度需要通过计算分析才能被剔除。这里主要通过计算单一维度关联到的用户群体的风险程度来评估和剔除冗余维度。例如，通过计算用户群体的黑名单比例、欺诈举报比例、白名单比例等属性值，综合评估剔除风险程度很低的用户群体对应的单一维度，从而达到降维的目的，减少下一步的计算量。假设此处对黑名单比例≥0.1 和白名单比例≤0.6 进行筛选，基于 1-gram 的规则初筛结果如表 6.5 所示。

表 6.5　基于 1-gram 的规则初筛结果

设备画像特征	画像特征离散值	关联设备群体的黑名单比例	关联设备群体的白名单比例
F_5	F_5=自动脚本风险等级 A	0.36	0.41
F_7	F_7=改机风险等级 C	0.14	0.61
F_N	F_N=多开风险等级 B	0.17	0.54

2. 步骤二：基于 n-gram 进行规则自动组合

基于步骤一初筛后的风险维度，进一步通过 n-gram 组合方式构建 n-gram 的规则，最后再基于构建好的 n-gram 的规则关联用户群体。这里以简单的 2-gram 的组合方式为例，基于步骤一筛选出的 3 个维度的离散化取值进行两两自动组合，总共存在 3 种组合结果，基于 2-gram 的规则组合结果如表 6.6 所示。

表 6.6　基于 2-gram 的规则组合结果

序号	2-gram 维度组合的规则	关联的设备群体
规则 1	F_5=自动脚本风险等级 A & F_7=改机风险等级 C	设备群体 1
规则 2	F_5=自动脚本风险等级 A & F_N=多开风险等级 B	设备群体 2
规则 3	F_7=改机风险等级 C & F_N=多开风险等级 B	设备群体 3

6.3.3　规则智能筛选模块

基于规则智能构建模块得到的规则和规则关联的用户群体，进一步计算用户群体的属性值（如黑名单比例、白名单比例和欺诈举报比例等），然后评估筛选出风险用户群体对应的规则，并将其作为恶意规则入库到规则黑库。假设这里选取黑名单比例≥0.8 和白名单比例≤0.1 作为恶意规则，筛选结果如表 6.7 所示，最终规则 2 作为恶意规则被筛选出来，并入库到规则黑库中。

表 6.7 筛选结果

序号	2-gram 维度组合规则	关联设备群体的黑名单比例	关联设备群体的白名单比例	恶意规则筛选
规则 1	F_5=自动脚本风险等级 A & F_7=改机风险等级 C	0.65	0.21	不符合
规则 2	F_5=自动脚本风险等级 A & F_N = 多开风险等级 B	0.85	0.08	符合
规则 3	F_7=改机风险等级 C & F_N=多开风险等级 B	0.33	0.45	不符合

6.3.4 其他模块

- 规则智能上线模块：基于规则上线的相关自动化工具，通过灰度方式将规则黑库新增的恶意规则自动上传到线上。

- 规则智能匹配处罚模块：按照离线规则生成的相同方式，针对可信度低的用户，实时组合生成 n-gram 的规则，并与上线的恶意规则进行实时匹配，若匹配成功则下发处罚。

- 规则智能监控模块：因为上线后的恶意规则难免会存在误处罚的可能，所以需要构建规则的自动淘汰机制，主要分为两种方式，一是主动淘汰机制，设置恶意规则的过期时间窗口，结合规则的检出量等指标进行主动淘汰；二是被动淘汰机制，实时计算线上每个恶意规则误处罚的用户投诉比例，一旦触发告警阈值，立即让对应规则的处罚失效，并将其从恶意规则库中剔除。

6.4 小结

本章主要从规则引擎的角度，进一步阐述了业务风控侧与黑灰产攻防演进的过程。首先介绍了前置风险筛查至关重要的信息——风险名单，具体阐述了风险名单在产品不同时期的演变和上线管理方式。然后从 IP、设备、账号这 3 个黑灰产必备资源的角度，进一步阐述了业务侧构建通用规则进行防控的过程。最后从业务定制规则的角度，介绍了智能规则引擎系统，进一步提升业务方的防控效率。

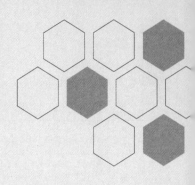

第7章
机器学习对抗方案

规则引擎作为业务防护前期的核心对抗方案，具有资源开销较小、与业务场景深度绑定、可快速识别并拦截欺诈流量的特点，因此规则引擎是流量反欺诈场景中必不可少的环节。但是规则引擎强依赖于规则制定者的业务经验，同时制定单条规则用到的特征维度相对较少，容易被黑灰产寻找出规则边界并对抗绕过，从而导致规则失效。

为了解决由于绕过规则引擎等前期方案而产生的黑灰产流量识别覆盖率低的问题，本章将引入机器学习对抗方案。机器学习对抗方案本质上是从流量数据出发，挖掘流量数据的本质规律（即特征表达），从而训练对应的预测模型，对流量进行预测打分，并结合业务评估标准，筛选出可疑的欺诈流量。机器学习对抗方案的一些算法细节已在本系列图书《大数据安全治理与防范——反欺诈体系建设》中有比较全面的介绍，本章主要是从实际应用的角度出发，阐述如何在流量欺诈的场景中应用这些机器学习对抗方案。

数据是机器学习算法的基石，在缺乏数据的情况下，机器学习算法对于欺诈流量的识别也是无计可施。在拥有数据后，首先基于数据治理方案合规、合理地存储数据，再经过特征工程将原始数据加工为模型可以理解的特征数据。构建流量反欺诈模型的核心路径如图 7.1 所示，阐述了从治理原始日志数据到构建流量反欺诈模型的重要环节。关于数据治理和特征工程部分，在本系列图书《大数据安全治理与防范——反欺诈体系建设》中有进一步的阐述。

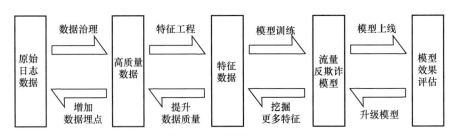

图 7.1 构建流量反欺诈模型的核心路径

在构建流量反欺诈模型的核心路径中，机器学习算法的选择非常多，不同算法适用的场景也有比较大的差异。在实际选择中，首先要考虑欺诈的手法、表现和危害，其次考虑平台数据的来源和数据特征的规律，最后考虑业务评估标准，从而综合对比算法，以及算法训练的参数选择。所以在选择算法前，最重要的是需要梳理几个问题：欺诈手法是什么、欺诈表现是什么、危害是什么和治理标准是什么。在流量反欺诈场景中，从 0 到 1 构建机器学习方案，一般会经历如下 3 个阶段，机器学习对抗方案的演进过程如图 7.2 所示。

- 第一阶段：在对抗前期，样本比较少，需要在无样本场景下进行异常检测。

- 第二阶段：随着治理的展开，会逐步积累一部分样本，不过前期的样本是不全的，只有部分准确的异常流量样本，这时候可以使用单样本检测方案。

- 第三阶段：随着样本收集的维度越来越多、评估标准越来越成熟，会积累足够多的正样本和负样本，也能代表大部分欺诈行为，此时各种复杂的监督学习算法就可以落地应用。

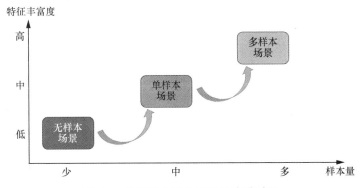

图 7.2　机器学习对抗方案的演进过程

因此，本章将流量反欺诈问题划分为以样本为主体的场景化问题，首先介绍在无样本场景中，使用无监督机器学习算法识别异常流量；然后是在单样本场景中，使用半监督机器学习算法识别异常流量；最后是在多样本场景中，使用监督机器学习算法识别异常流量。

7.1　无样本场景

在识别欺诈流量的前期，由于缺少欺诈流量样本，因此无法构建正负样本，这个阶段就属于无样本阶段。在这个阶段，一方面缺乏对欺诈流量的理解；另一方面流量本身是海量的，人工从流量中挖掘规律，识别异常流量的难度就比较大。但是因为欺诈流量本身是异常流量，和正常流量相比，必然是有区别的，所以可以从异常检测维度出发来识别欺诈流量。

从异常检测维度出发，异常流量的变现通常分为两类：一类是数据值表现为远大于或者远小于正常流量，可以通过传统的统计检验方案识别；另一类表现为聚类后的离群点，可以通过无监督学习方案识别。

在一些欺诈流量识别场景中，欺诈流量的数据值表现为大于或者小于正常流量，通过这些数据就可以判断欺诈流量。例如在注册或者登录页面，通常会有滑动验证码来识别虚假点击行为，滑动验证码如图 7.3 所示。通常来说，通过滑动完成图案拼图就可以通过滑动验证码的验证，但滑动验证码背后的逻辑是，通过获取用户完成拼图时的轨迹数据，结合滑动波动、滑动速度和图案重合度等信息，来综合判定是否为虚假点击。有关传统统计检验方案的细节将会在 7.1.1 节中展开。

图 7.3　滑动验证码

通过简单的极大值和极小值，已经无法区别欺诈流量和正常流量，此时可以从无监督学习方案的思路出发来识别，欺诈流量往往会表现为离群点。从特征在空间维度的分布来看，正常流量分布存在集中性，但是欺诈流量在特征空间中表现为离群的小簇，图 7.4 展示了离群点和离群小簇，通过离群点的检测也可以识别欺诈流量。有关无监督学习方案的细节将会在 7.1.2 节中展开。

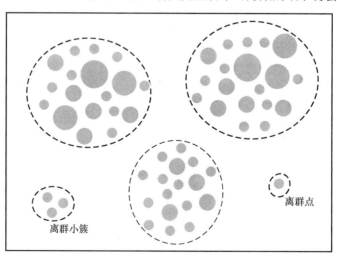

图 7.4　离群点和离群小簇

7.1.1 传统统计检验方案

以上文提到的通过滑动验证码识别虚假点击行为作为案例，来讲解如何基于传统的统计检验方法来识别欺诈流量。整体流程可以分为以下 3 个步骤。

（1）用户在前端页面完成滑动验证操作。

（2）后台捕获用户鼠标的滑动轨迹、总体滑动时间、滑块与缺口重合度等信息。

（3）后台对数据进行人机判别，如果判定为虚假点击，就终止本次登录、注册行为或者跳转为其他方式进行二次验证。

下文以总体滑动时间指标为案例，讲解如何基于传统统计检验方案来识别欺诈流量的分析过程。

首先定义评估标准，即什么是机器滑动行为。大部分正常用户的滑动时间为 1～2 秒，如果滑动时间过短，那么有可能是机器滑动行为。对于判定为机器滑动行为的阈值，可以基于统计检验方案统计分析得出。在本节中，主要讲解如何通过 Tukey 箱形图确认阈值，Tukey 箱形图的细节内容在本系列图书《大数据安全治理与防范——反欺诈体系建设》的第 5 章有详细的说明。

用户滑动时间的分布如图 7.5 所示，通过收集用户的滑动时间，可以看出大部分的用户滑动时间集中在 1～2 秒，绝大部分用户滑动时间集中在 0～3 秒。

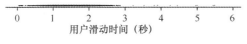

图 7.5 用户滑动时间的分布

接着针对用户滑动时间，统计出第一个四分位数 Q1 和第三个四分位数 Q3，同时计算出四分位距 IQR = Q3 − Q1，以及异常值的阈值 Q1 − 1.5IQR 和 Q3+1.5IQR。通过对图 7.5 中的数据进行计算，得到 Tukey 箱形图的统计值，如表 7.1 所示，用户滑动时间的箱形图如图 7.6 所示。

表 7.1 Tukey 箱形图的统计值

Q1	Q3	IQR	Q1 − 1.5IQR	Q3+1.5IQR
1.145	1.807	0.662	0.152	2.800

最终按照阈值划分，用户滑动时间介于 0.152～2.800 秒的流量会被识别为正常验证流量，用户滑动时间少于 0.152 秒和多于 2.800 秒的流量均会被识别为不正常验证流量，但是从业务经验出发，机器滑动操作的时间一般很短，所以我们仅会把时间少于 0.152 秒的流量识别为疑似机器滑动，并对该流量进行二次验证或拒绝该流量。同时在真实使用场景中，不会仅使用用户滑动时间这一个指标来判别，而会综合多个指标来识别虚假点击流量，不过大致思路是接近的。

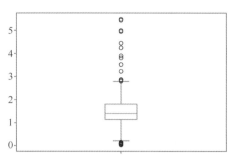

图 7.6   用户滑动时间的箱形图

7.1.2   无监督学习方案

7.1.1 节讲解了在滑动验证码场景下如何基于传统统计检验来识别虚假点击流量。这种场景一般出现在登录和注册等环境中，需要后台快速响应，在用户滑动完滑块后就给出是否为虚假点击流量的判断。在极大值和极小值不明显的场景下，无法通过简单的统计规则来识别虚假点击流量，于是可以通过无监督学习方案来进一步筛选欺诈流量。

接下来，以营销活动场景中的欺诈行为为案例，讲解如何通过无监督学习方案来识别欺诈流量。

在营销活动场景中，黑灰产会批量刷取奖品然后将其倒卖出去，从而谋取利润。由于黑灰产掌握了大量的设备、账号（如手机号和 QQ 号等）等资源，于是更多统计维度上的数值不明显，因此通过一些简单的统计检验阈值难以识别异常流量。此时，可以使用无监督学习方案中的聚类算法，通过聚类划分群体、寻找离群点，再结合业务来判定异常流量。

本节以无监督学习方案中的聚类算法为例，讲解检测"羊毛党"获取营销活动奖券的行为，基于聚类算法检测异常流量的流程如图 7.7 所示。

图 7.7   基于聚类算法检测异常流量的流程

1．采集画像数据

第一步是收集用户画像数据，用户画像主要可分为设备维度、账号维度和团伙维度，如图 7.8 所示。从具体业务场景出发，黑灰产通常会使用猫池、群控、小号和代理 IP 等资源作弊，所以可以从黑灰产的表现上来刻画设备维度和账号维度的用户画像，其中，设备维度的用户画像包含设备号、设备型号和设备登录账号情况等信息；账号维度的用户画像包含账号注册时长、账号活跃时长和账号登录情况等信息；团伙维度的用户画像包含同 IP、同社群和同区域的访问量和可疑访问流量占比。"羊毛党"获取羊毛一般为团伙作案，如果发现某个聚集范围下的访问量激增或者可疑访问流量占比较高，那么这个聚集范围下（同 IP、同社群或者同区域）的流量可能为"羊毛党"流量。

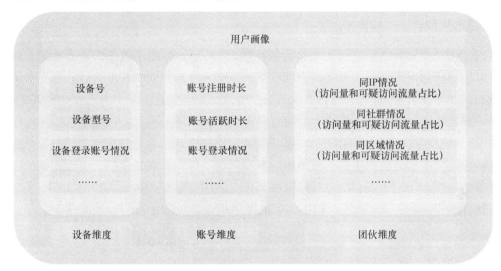

图 7.8   用户画像的 3 个维度

2．数据特征处理

第二步是对第一步收集的用户画像数据进行处理，通过特征工程将画像数据加工为特征数据，这个过程可以参考本系列图书《大数据安全治理与防范——反欺诈体系建设》的第 4 章。

3．聚类分析

第三步是通过聚类算法进行聚类，这里可以选择的聚类算法比较多。常见的聚类算法有以下 3 种。

- 基于划分的聚类算法，这种算法的计算复杂度低，划分效率较高，适用于数据比较规则的情况。

- 基于密度的聚类算法，这种算法对噪声数据相对不敏感，而且能较好地识别孤立节点，但是参数较多且对参数敏感，需要不断地调试阈值才能得到最佳的聚类结果。

- 基于层次的聚类算法，这种算法的灵活性较强，不需要定义太多的参数，但是由于这种算法的计算量大、聚类效率较低，因此不太适用于高维数据。

对比这 3 种聚类算法，得到的聚类算法的优劣势如表 7.2 所示。

表 7.2　聚类算法的优劣势

算法	优势	劣势
基于划分的聚类算法，常见算法有 k 均值聚类算法	算法复杂度低	需要先确认聚类数
基于密度的聚类算法，常见算法有 DBSCAN 算法	对噪声数据相比不敏感	参数较多，且对参数敏感
基于层次的聚类算法	计算量比较大，不适用于高维数据	不用预先确认聚类数

4．提取离群点，发现异常流量

最后一步是提取第三步进行聚类之后的小簇，然后将这里的小簇作为重点验证对象进行审核。审核指标通常是小簇中异常用户的比例，忽略异常用户比例较低的簇，将异常用户比例比较高的簇看作异常流量进行打击。一般在对抗前期，需要对小簇中的用户抽样人工分析，提取用户异常率高的簇进行打击。不过随着异常用户量的不断积累，可以用这些异常用户生成黑名单，然后通过验证小簇用户命中黑名单的比例来确认是否是异常流量，一般命中黑名单的比例越高，小簇为异常流量的概率也就越高。这里需要针对具体的业务设置阈值，当命中黑名单的比例大于设置阈值时，就可以对其包含的用户进行拦截或者封号。不同黑名单命中率下执行的操作如图 7.9 所示，根据不同的业务场景，处置手段可以被灵活定制。

图 7.9　不同黑名单命中率下执行的操作

7.2　单样本场景

单样本场景是指只有单一类别样本的场景，常见为正常样本比较多的场景。这是因为业务具有清晰的定义和标准以及完善的数据工程建设，所以较容易区分出正常用户样本。

7.1 节介绍的是在对抗前期没有样本的情况下如何检测异常流量。然而随着对抗的不断深入和业务标准的不断完善，积累了大量正常样本以及少量异常样本，这个时候直接去训练有监督的模型还是有困难，主要是因为异常样本太少，不足以支持构建泛化效果好的模型。但是正常样本量足够多，这个阶段就比较适合用半监督学习算法来构建模型。

在介绍基于半监督学习算法构建异常流量检测模型之前，需要特别解释一下异常值检测和奇异值检测的区别。异常值检测是指训练集被"污染"了，即训练集中包含了正常流量也包含了异常流量，这个时候检测异常流量就属于异常值检测；奇异值检测是指训练集没有被污染，即训练集中仅包含了正常流量，通过这些正常流量构建模型去识别未知流量是否为正常流量。因此，本节中提到的异常流量检测均为奇异值检测，而 7.1 节中提到的异常流量检测为异常值检测。

7.2.1 传统半监督学习方案

在单样本场景下，通过半监督学习算法构建异常流量检测的算法有很多，如 One-Class SVM 算法、AutoEncoder 算法和孤立森林算法等。其核心思路就是只使用正常流量样本去训练模型，对未知流量进行预测，与正常流量表现差异较大的流量就是异常流量。

接下来，以常见的 One-Class SVM 算法为例，阐述如何只通过正常流量来构建异常流量识别模型。

One-Class SVM 算法既可以进行奇异值检测也可以进行异常值检测，本节讲述的是奇异值检测。基于 One-Class SVM 算法识别异常流量的原理如图 7.10 所示，首先通过拟合正常流量的特征空间分布，可以训练得到正常流量边界圈，这个边界圈在高维特征空间中表现为一个超平面。然后利用这个超平面，就可以对未知流量进行判定。当未知流量分布在边界圈内时，则判定该流量为正常流量；当未知流量分布在边界圈外时，则判定该流量为异常流量。从图 7.10 中可以看出，圈外两个点代表的流量就是异常流量。

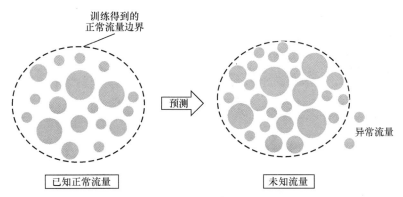

图 7.10　基于 One-Class SVM 算法识别异常流量的原理

基于 One-Class SVM 算法识别异常流量的整体流程如图 7.11 所示，模型的核心环节主要包含以下 4 个步骤。

1. 正常流量提纯

这里需要保证训练数据为正常流量，包含尽可能少的异常流量，否则会影响正常流量边界的学习。在本环节中，也可以采用 7.1 节中介绍的方法进一步剔除流量，即先筛选出异常流量然后剔除异常流量。但是根据业务经验，建议不剔除少量难以判断的流量，这样可以保证接下来训练的模型有一定的鲁棒性。

图 7.11 基于 One-Class SVM 算法识别异常流量的整体流程

2. 数据特征工程

有关该环节的介绍，请读者参考本系列图书《大数据安全治理与防范——反欺诈体系建设》的第 4 章，这里不再阐述。

3. 训练模型

对 One-Class SVM 算法来说，有 3 个超参数比较关键，分别是 kernal、gamma 和 nu，其中 kernal 可选的参数分别为'rbf'、'linear'、'poly'和'sigmoid'，默认参数为'rbf'。在某异常流量监测模型中分别尝试上述 4 个参数，采用不用 kernal 参数学习到的边界面如图 7.12 所示，可以看出针对数据集在空间中分布为椭圆状的数据，kernal 的参数采用'rbf'的效果最好。然后是 gamma 的默认值为'scale'，在一般情况下，就将 gamma 设置为默认值。

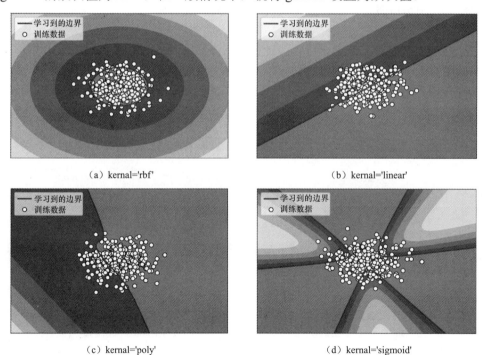

（a）kernal='rbf'　　　　　　　　　（b）kernal='linear'

（c）kernal='poly'　　　　　　　　　（d）kernal='sigmoid'

图 7.12 采用不同 kernal 参数学习到的边界面

　　然后需要调节的是 nu 值，nu 代表的是训练误差，一般训练误差设定得越小，训练得到的边界面就越严格。在某异常流量监测模型中，分别尝试了 nu=0.01、nu=0.1、nu=0.2 以及 nu=0.5 进行学习，采用不同 nu 值学习到的边界面如图 7.13 所示。当设置 nu 值越小时，边界面对数据的包括性越好，但同时也更有可能将非正常流量识别为正常流量，具体需要根据业务场景进行选择，在该场景中优先使用 nu=0.1。

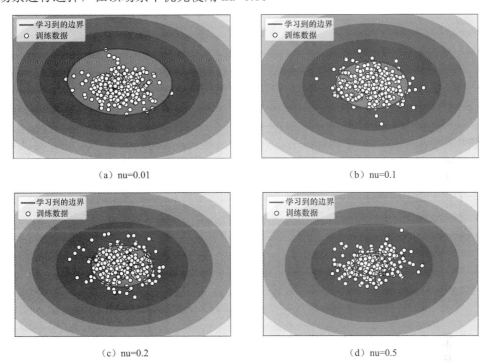

（a）nu=0.01　　　　　　　　　　　　　　（b）nu=0.1

（c）nu=0.2　　　　　　　　　　　　　　（d）nu=0.5

图 7.13　采用不同 nu 值学习到的边界面

4．模型验证与调整

　　在训练好模型之后，就需要在测试集上进行测试，选择最佳的阈值识别异常流量。如果是使用 One-Class SVM 算法训练的模型进行预测，那么选择 predict 函数会返回 1 和-1，其中 1 为正常流量，-1 为异常流量，这样就难以确定阈值。如果是使用 score_samples 函数进行预测，就会返回样本到超平面的距离，若距离越大则为正常流量的概率就越大。在异常流量监测场景中，划分阈值时需要兼顾判为异常流量中正常流量的误判率以及异常流量的覆盖率，在误判率和覆盖率的权衡下，选择最佳划分阈值。

7.2.2　行为序列学习方案

　　与传统半监督学习方案不同，行为序列学习方案主要是基于用户的操作行为序列的规律，识别出批量的、统一操作行动的异常账号，如群控、脚本等自动化操作行为。此类方案对于感知异常流量行为，具有可解释性强、特征工程简单和模型训练成本低等特点。

正常的用户操作顺序是千变万化的，但是黑灰产团伙因为其目标明确，且多是使用工具批量实现的操作，所以操作上大多是相似的。以某短视频 App 为例，用户的操作主要包括登录、签到、搜索、浏览、点赞、评论、发布视频、发消息、购物和支付结算。正常的用户在使用该短视频 App 时，第一步是登录，后续的操作就比较随机了。而对于刷赞刷评论黑灰产团伙，因为他们登录该短视频 App 后有明确的刷赞刷评论的目的，所以会出现重复点赞、重复评论等一系列连贯且相似操作。

图 7.14 展示了某刷量团伙提供的刷赞服务界面，该刷量团伙会在其网站上售卖对应的"作品双击""作品评论"等服务，用户在购买服务后提交作品相关信息。在收到订单后，刷量团伙会使用一批大量账号，自动化搜索对应的作品，并点赞和评论提前准备好的内容，然后搜索下一个作品重复点赞和评论，直到完成对应的订单任务。在这个过程中，刷量团伙会群控大量设备和账号，在登录 App 后不断重复搜索、浏览、点赞和评论的操作，某刷量账号的用户行为序列如图 7.15 所示。

图 7.14　某刷量团伙提供的刷赞服务界面

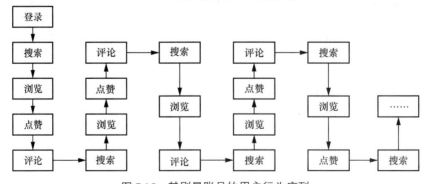

图 7.15　某刷量账号的用户行为序列

因此，刷量账号在用户行为序列上会呈现出行为重复性和群体行为相似性。

- 行为重复性：对于既定的行为，如搜索、浏览、点赞、评论等，被刷量团伙编写为自动化脚本，通过脚本控制账号不断地重复事先设置好的行为路径。

- 群体行为相似性：对于被刷量团伙群控的账号，会重复基本一致的行为，不断为目标作品进行点赞和评论；而对于被不同刷量团伙群控的账号，因为其目标都是刷量，所以其行为也可能具有相似性。

1. 通用行为序列异常检测原理

在积累了较多正常样本和少量异常样本后，可以训练异常流量的行为序列模型，基于用户行为序列来识别异常流量的流程如图 7.16 所示，一共包含 4 个步骤，分别为行为序列表示、相似度评估、阈值验证和上线识别。

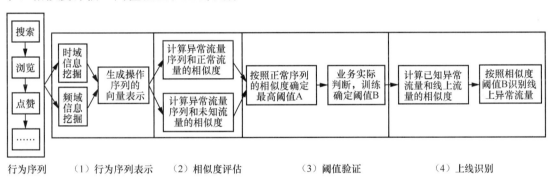

图 7.16 基于用户行为序列来识别异常流量的流程

（1）行为序列表示

通过挖掘用户在 App 行为序列中的信息，生成用户行为序列的向量表示。用户行为序列的向量表示可以分别从时域和频域的角度出发。

（2）相似度评估

提取线上一段时间的未知账号和正常账号，分别构建对应的行为序列，并使未知账号和正常账号的比例接近 1:1，然后分别计算正常账号、未知账号与少量异常账号样本的行为序列相似度。

（3）阈值验证

通过计算正常账号与异常账号的行为序列相似度的阈值，得到最高阈值 A（异常值除外）。然后对未知账号与异常账号的行为序列相似度阈值做筛选，相似度大于 A 并且大于 0.8（取决于实际业务和数据）的行为序列放入集合 S。集合 S 中的账号会再通过其他维度的画像做进一步验证。在训练阈值时，用正常用户数据的核心目的是得到参考的阈值 A，如果 A 较低，就可能失去参考的意义；如果 A 较高，那么可以辅助业务快速收敛到合理的安全阈值。

（4）上线识别

在通过上述阈值训练后，得到满足业务监控或者需要进行打击的阈值 B。然后计算已知异常流量与线上流量的相似度，将大于 B 的账号判定为异常流量。

在上述识别异常流量的流程中，侧重的是发现用户行为序列异常的原理和步骤，然后在不同的业务场景中会有多种多样的序列构建和建模方案。

接下来，重点介绍如何通过时域和频域的维度构建行为序列模型。首先定义用户操作序列 ID，用户进入产品后的所有触发动作都用唯一的 ID 来区分，例如登录操作为 101、签到操作为 102、搜索操作为 103、浏览作品操作为 104、点赞操作为 105、评论操作为 106、发布视频操作为 107、收藏操作为 108 等。

2.　时间序列维度的异常检测

黑灰产的批量操作行为，最容易在时间序列维度上呈现不同的相似度。接下来，通过一种简单的相似度计算方法，来描述构建行为序列的异常检测模型的核心过程。

（1）定义用户的时间序列

定义时间窗口 T，例如一天。在 T 时间范围内，定义所有用户的行为序列（重复的动作无须做合并），例如用户 1 的时间序列排序是：101、102、105、104、108、106、104、107。

（2）定义行为序列

定义切分的窗口 N，例如 $N=4$。4 元组合有两种切分方式：一是重合的滑动切分，例如序列 1 是 101-102-105-104，那么序列 2 是 102-105-104-108，这种方式利用了最大集合的思想，可以全面覆盖所有组合；另一种不重合切分，例如序列 1 是 101-102-105-104，那么序列 2 是 108-106-104-107，这种方式适用于不同序列之间不存在冗余信息的情况。

（3）训练可疑序列集合

通过历史积累的异常流量，可以构建可疑序列集合，得到在黑样本中出现概率高且白样本概率低的行为序列组合，并将其定义为可疑序列集合。

（4）异常流量识别

匹配可疑序列集合中的序列数量和次数，通过设定阈值来圈定异常流量。正常用户群体和异常用户群体的行为序列对比如图 7.17 所示。

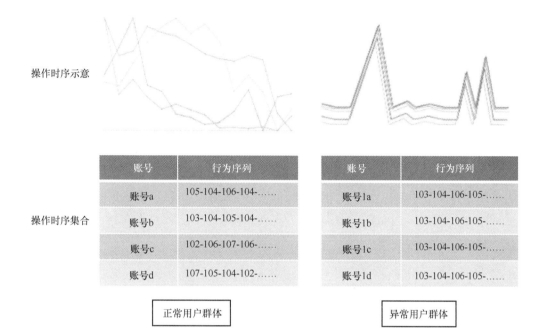

图 7.17 正常用户群体和异常用户群体的行为序列对比

3．频次序列维度的异常检测

随着对抗的不断升级，黑灰产团伙会通过模拟正常用户的操作，例如用主动刷视频的动作来模拟正常用户的观看行为。当把正常行为混入搜索、点赞、刷评论等行为中时，这会导致仅通过时序行为很难找出相似的规律。但是由于黑灰产团伙的核心目的没有发生变化，还是需要通过群控设备为目标作品刷量和刷赞，因此黑灰产团伙的各种行为操作在频率上可能是相似的。

接下来，通过行为序列时域转频域的方法得到行为序列的频域空间的向量表示，然后通过相似度计算来构建行为序列的异常检测模型，其核心过程详见以下介绍。

（1）定义用户的时间序列

定义时间窗口 T，在 T 时间范围内，将所有用户的行为序列按照时间顺序汇总为时间序列，例如异常用户 1 的时域行为序列是：101、103、104，异常用户 2 的时域行为序列是：101、104、106。

（2）行为序列转为频域空间的向量表示

将用户的行为序列转换为频域空间的向量表示，向量的每一位代表一种动作或者组合动作，每一位上的数值代表这个动作或者前后连续组合动作出现的频次，例如搜索+点赞代表进行搜索后马上点赞，再如向量[38, 158, 76, 65, 112]代表收藏 38 次、点赞 158 次、评论 76次、点赞+评论 65 次，搜索+点赞 112 次。对所有的动作从大到小排序，取出 Top-N 的动作，例如前 20 个动作，并将其定义为固定的向量长度，每一位表示固定的动作或者动作组合。

（3）训练可疑序列集合

通过历史积累的异常流量，可以构建可疑频域向量集合，得到与黑样本相似度高，且与白样本相似度低的阈值，经过业务验证后可以得到最终的筛选阈值。

（4）异常流量识别

通过训练的异常频率行为序列判定的阈值，可以筛选出可疑流量的集合，然后对可疑流量进行监控或者打击。不同的异常用户行为序列的频域向量表示如图 7.18 所示。

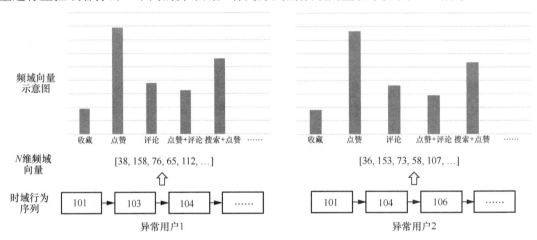

图 7.18　不同的异常用户行为序列的频域向量表示

7.3　多样本场景

随着业务标准越来越完善、定义越来越清晰以及数据工程的建设越来越成熟，与黑灰产的对抗在不断深入，用户申诉和举报也在不断完善，业务方积累了比较多的异常样本，此时在既有充足正常样本，又有异常样本的情况下，就可以充分发挥监督学习的作用。

在实际使用监督学习做异常流量检测时，一般会从以下 3 个维度思考模型的选择和构建。

- 第一是选择构建的模型是二分类模型还是回归模型，这个主要取决于样本和建模场景的情况，7.3.1 节将进行详细的介绍。

- 第二是考虑建模场景是否需要可解释性，如果需要模型的打分可解释性说明，就需要逻辑回归等具有可解释性的模型来做异常流量检测，7.3.2 节将进行进一步的介绍。

- 第三是随着数据不断丰富，如果希望进一步提高模型效果，就需要训练集成模型，7.3.3 节将进行详细的介绍。

7.3.1 二分类模型与回归模型

在监督学习中，经常会遇到选择何种模型的问题。本文从业务场景和业务经验出发，介绍如何进行模型的选择。

在异常流量检测中，当样本中有明确的正样本和负样本时，其中正样本代表异常流量样本，负样本代表正常流量样本，一般用离散值 1 或 0 标识。在一些场景中，如果不需要对恶意程度进行量化分级，就优先选择构建二分类模型，此时在训练模型的过程中，会把所有的异常流量当作同样的恶意程度样本进行处理。但在一些具体场景中，当需要对恶意程度进行量化分级时，可以优先选择构建回归模型，这是因为回归模型的训练将负样本的样本值设定为 0，然后将正样本的样本值按照恶意程度量化为 0～1 的值，数值越大，其恶意程度就越强。与二分类模型相比，回归模型损失函数一般选取均方误差，就可以学习到不同恶意程度下异常流量样本的区别，其预测值也代表了恶意程度，预测值越高说明异常流量越恶意。二分类模型和回归模型的对比如图 7.19 所示。

二分类模型	回归模型
☐ 样本： 正样本和负样本	☐ 样本： 0～1的连续值样本
☐ 损失函数举例： 交叉熵损失函数	☐ 损失函数举例： 均方误差
☐ 适用场景： 无法对正样本进行分级，预测结果代表属于正样本的概率	☐ 适用场景： 可以量化分级，预测值越高说明异常流量越恶意

图 7.19　二分类模型与回归模型的对比

7.3.2　可解释性判别场景

在构建检测异常流量的模型时，业务方往往需要模型的判别解释，即可以从业务的角度得到判别的原因，例如当某用户的行为被判定为"羊毛党"行为时，需要模型给出对应的解释，即为什么判定该用户行为是"羊毛党"行为。在这种情况下，可以考虑使用逻辑回归（logistic regression）算法。逻辑回归算法通过训练参数 $\theta = [\theta_1, \theta_2, \theta_3, \cdots, \theta_N]$，然后通过如下的 Logistic 函数进行非线性映射，得到该样本流量属于异常流量的概率。

$$h_\theta(x) = g(\theta^\mathrm{T} x) = \frac{1}{1 + \mathrm{e}^{-\theta^\mathrm{T} x}}$$

通过训练参数 θ 的数值大小，就可以知道 N 个特征和标签是正向贡献关系还是负向贡献关系，若 θ_i 的值为正值，则说明第 i 个特征与标签关系为正向贡献，值越大说明这种正向贡献关系越强；相反，若 θ_i 的值为负值，则说明第 i 个特征与标签关系为负向贡献，值越小说明这种负向贡献关系越强。

基于逻辑回归构建异常流量检测模型的整体流程如图 7.20 所示。

图 7.20　基于逻辑回归构建异常流量检测模型的整体流程

1. 数据准备

第一步是数据准备阶段，画像数据的介绍可参考 7.1.2 节。与 7.1.2 节中的无监督学习方案不同的是，有监督学习方案需要准备样本和对应的标签，通常会将目标样本（即异常流量样本）作为正样本，然后将正常流量样本作为负样本，其中异常流量样本就是需要拦截的异常类型流量，对于要检测的"羊毛党"行为，就将历史积累的获取活动福利的异常流量作为正样本。对于负样本，基于作者多年的黑灰产对抗经验，随机提取正常流量做负样本的做法并非最合适的。图 7.21 展示了初始的样本构建方式，此时正样本与负样本差距比较大，当训练模型时，损失函数值下降得很快，而且测试集的 AUC 很高。其实这个时候训练得到的模型并不是一个优秀的模型。图 7.21 中的直线代表的是分界面，在高维空间中就是超平面，图 7.21 中有 3 个分界面，每一个分界面都能将正负样本彻底分开，然而在真实场景中却很少存在这么完美的分界面，以这种样本构建方式学习到的模型在真实场景下的实用性很差。

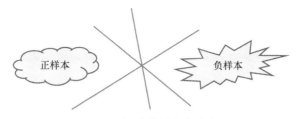

图 7.21 初始的样本构建方式

因此，在样本筛选阶段，需要先尽量剔除特别明显的正常流量。毕竟完全正常的流量根本就不需要通过模型进行判定，通过简单的策略就可以进行识别。通过这种方式筛选之后，就会发现正负样本在特征空间的分布比较靠近。调整后的样本构建方式如图 7.22 所示，在正负样本比较靠近之后，虚线标注的两个分界面就难以对样本进行分割，这样也就可以从样本层面训练出更加理想、更加有效分割样本的分界面。

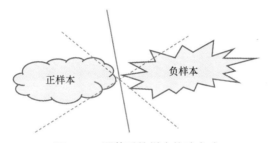

图 7.22 调整后的样本构建方式

2．数据特征工程

第二步是数据特征工程，具体过程可以参考本系列图书《大数据安全治理与防范——反欺诈体系建设》的第 4 章，这里不再赘述。

3．训练模型

第三步是训练模型，这个过程需要算法人员通过调整模型超参数的值，从而使模型达到最优效果。不同的算法模型有不同的超参数，接下来以逻辑回归算法为例，说明如何调整超参数。

逻辑回归算法涉及的超参数较多，但是主要影响训练效果的有 3 个方面：一是算法训练迭代参数的调整，主要是设置学习率和训练终止条件；二是损失函数的调整，主要是在损失函数中加入正则项，目的是要找到预测误差尽量小又能保证模型参数较为简单的模型；三是优化算法的选择，主要是通过选择优化损失函数的优化算法来保证模型训练的效果。

接下来，将介绍如何基于异常流量检测模型中的实战经验来调整模型训练的超参数。

选择适当的超参数涉及的是如何评估模型的效果，为了充分地验证数据，可以考虑使用 k 折交叉验证（k-flod cross validation）来评估模型效果。对于 k 折交叉验证，同一套超参数会有 k 个验证数据集，然后在这 k 个验证数据集上会有 k 个评估的曲线下面积（area under the curve，AUC），其中 AUC 实际就是 ROC 曲线下的面积。图 7.23 展示了某异常流量检测模型的 ROC 曲线，曲线下的面积为 0.75，这说明该模型的 AUC 取值为 0.75，最后评估出这 k 个验证数据集上 AUC 的均值和标准差。

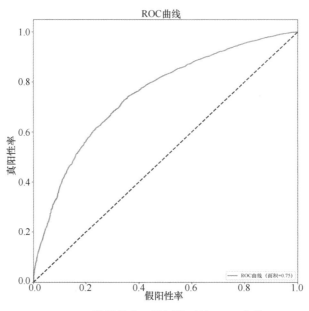

图 7.23　某异常流量检测模型的 ROC 曲线

根据在 k 个验证数据集上 AUC 的均值和标准差的不同数据表现，对应的超参数调整措施可总结为如下 3 条。

- 当测试集 AUC 的均值较低且低于预期时，优先猜测模型可能训练不充分，此时可以尝试提高学习率、延长训练迭代次数等。如果通过这些操作能让 AUC 的均值有效提高，那么就说明之前的模型是欠拟合的，对于数据的学习是不充分的。

- 随着模型训练的迭代，训练集 AUC 的均值一直上升，测试集 AUC 的均值先上升后又下降，这说明模型训练在训练集上出现过拟合的现象，可以调整模型终止条件，例如降低最大迭代次数使模型提前终止训练。

- 测试集 AUC 的均值和方差较大，说明在不同折的数据集上模型表现差异较大，此时优先猜测模型训练出现了过拟合的现象，可以在目标函数中加入正则惩罚项，如果已经有正则惩罚项，那么考虑进一步提高正则惩罚项的影响因子。另外，也可能是样本量太少、样本不充分或者样本划分不均匀导致的，这个时候通常不会考虑调整超参数，而是优先考虑增加样本量或者扩大采集范围，能让样本在特征空间中的分布更加均匀。

4．模型验证

在训练模型之后，需要对模型进行验证。前文提到在需要可解释的场景中使用逻辑回归算法，通过训练得到的模型参数 θ 就是一种解释说明。当参数 θ 的取值为正值时，说明对应特征的取值对标签预测表现为正向贡献关系，这个时候就需要验证这个特征与标签的关系是否符合业务逻辑。如果符合业务逻辑，那么特征取值的大小就可以解释对模型效果贡献的大小。对于不符合业务逻辑的变量，需要提取出来进行进一步的分析，例如分析特征变量之间是否存在一定的相关性，导致特征之间存在相互抵消的现象，从而决定是否对特征进行进一步的处理。

5．模型上线

在模型验证通过之后，接下来就是模型上线使用，同时要做好模型的运营工作。在模型上线以后，需要时刻监控模型对流量的判定效果，并在必要时对模型进行调整，这一块的内容具体可参考本书第 11 章。

7.3.3 集成模型

7.3.2 节介绍了可解释性场景下的逻辑回归模型，当然还有更多类似模型可以选择。这类模型虽然可解释性强，业务理解起来比较简单，但是面临一些复杂对抗的场景就很难解决问题，例如在对抗中后期，黑灰产会通过在流量各个环节上的行为伪装并接近正常用户。于是，在这些场景下，可以通过集成模型来提高模型的整体召回率。

常见的集成模型有 3 种，分别为自适应提升（boosting）、自助投票（bagging）和堆叠（stacking）。这 3 种集成模型都是采用简单的模型作为基学习器，然后通过多个基学习器集成在一起，组合成拟合能力更强的集成模型。这 3 种集成模型在出发点和原理上存在着一定的区别，自适应提升、自助投票和堆叠的算法对比如表 7.3 所示，自适应提升是会基于前一个基学习器的结果继续训练，最后共同决定判定结果；自助投票是各基学习器之间独立训练，然后将各基学习器的结果放在一起投票或者对其加权来决定判定结果；自助投票和堆叠有些类似，也是独立学习训练，不过会将各个初级学习器的预测结果再作为特征继续训练一个次级学习器，最后将次级学习器的预测结果作为最终的结果。

表 7.3　自适应提升、自助投票和堆叠的算法对比

	自适应提升	自助投票	堆叠
基学习器要求	基学习器训练有依赖关系	各基学习器之间独立训练	初级学习器训练独立
训练集	依赖	独立	独立
算法框架	串行式结构	并行式结构	初级学习器并行，用于次级学习器串行
代表算法	XGBoost、GBDT 等	随机森林	是一种算法框架

在本节中，重点以 XGBoost 算法为例，讲解 XGBoost 算法在异常流量检测中的实战应用。

2016 年，陈天奇博士在其论文 *XGBoost: A Scalable Tree Boosting System* 中提出了 XGBoost 算法，XGBoost 算法在各大数据竞赛中都有不错的成绩，并且在日常的建模中产生的效果也较好，所以被较多使用。使用 XGBoost 算法构建恶意流量监测模型的流程基本和图 7.20 中的整体流程基本一致，主要区别是数据特征工程和模型超参数的调整。

- 针对数据特征工程，XGBoost 算法的基学习器采用的是树模型，所以不需要对特征数据进行归一化操作，也不需要去除特征极值，不过异常值的剔除是有必要的。同时当有一些非数值特征需要数值化时，也不推荐使用 one-hot 的编码方式，这是因为当维度较高时特征会过于稀疏，从而需要加深树模型的深度，所以比较推荐 Embedding 的方式进行编码，比较好控制特征维度和稀疏程度。

- 针对调整模型超参数，XGBoost 算法中有 3 个比较重要的超参数，分别是 max_depth、n_estimators 和 scale_pos_weight。max_depth 表示树的最大深度，树的深度越深，拟合能力就越强，树的深度过深也比较容易过拟合；n_estimators 表示树的棵数，树的棵数越多，拟合能力就越强；scale_pos_weight 表示正样本的权重，数值越大，代表正样本的权重越大，将样本错分后损失函数的上升幅度更大，调整样本的权重也可以加速算法的收敛，同时调整整体的打分分布可以让打分更加均匀。

在 XGBoost 模型训练的过程中，需要重点注意以下 3 个环节。

1. 参数 scale_pos_weight 的调整

在异常流量检测场景中，正样本（异常样本）一般远少于负样本（正常样本）。例如在训练某流量异常检测模型中，样本的正负比例为 1:4，此时 scale_pos_weight 取默认值 1。然

后在测试集（正负比例同时为 1:4）上预测流量恶意分在不同区间量的占比，如图 7.24 所示，可以看出整体的打分分布偏向 0～0.5，主要分布在 0～0.2（占比为 56.5%）。这样的分布不合理，这是因为训练集中的正样本数量较少，整体的训练比较偏向负样本，所以倾向于预测为低分。在设置 scale_pos_weight 的值为 4 后，重新训练模型，然后在测试集（正负比例同时为 1:4）上预测流量恶意分在不同区间量的占比，如图 7.25 所示，可以看出整体的打分分布更加均匀，而且 0.5～1 区间内的预测分数占比明显提高。

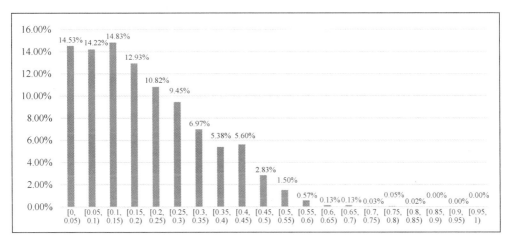

图 7.24　预测流量恶意分在不同区间量的占比（scale_pos_weight 的值取 1）

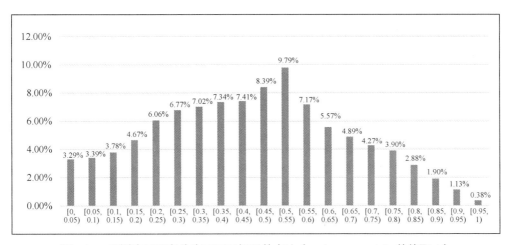

图 7.25　预测流量恶意分在不同区间量的占比（scale_pos_weight 的值取 4）

2. 参数 max_depth 和 n_estimators 的调整

如果想要调整 max_depth 和 n_estimators 这两个参数，那么可以借助交叉验证挑选出最佳取值。首先调整 max_depth，通常在构建异常流量检测模型时，其值可选范围为 3～10，数值越大拟合能力越强。max_depth=3、max_depth=5 和 max_depth=8 的交叉验证效果如图 7.26 所示，当 max_depth 取值为 3 时，第 1 棵树的平均测试 AUC 为 0.66，训练到第 21 棵树的平均测试 AUC 为 0.74。当 max_depth 取值为 5 时，平均测试 AUC 在第 1 棵树时为 0.68，训练到第 21 棵树时为 0.75，可以看出 max_depth 取值为 5 的效果会优于 max_depth 取值为 3 的效果。但是可以看到 max_depth 取值为 8 时虽然整体比 max_depth 取值为 5 的平均测试 AUC 有微弱的提升，但是平均训练 AUC 在第 21 棵树时为 0.85，与平均测试 AUC 差距较大，而且测试 AUC 的标准差也在变大。这些对比结果均表明 max_depth 取值为 8 时出现了过拟合现象，所以还是 max_depth 取值为 5 的效果最好。然后是调整 n_estimators 的取值，在确认 max_depth 的取值以后，观测随着树的棵数增加，平均测试 AUC 如何变化，一般当平均测试 AUC 小数点后三位数值基本趋于稳定之后，此时树的棵数即可作为 n_estimators 的取值。

(a)

	train-auc-mean	train-auc-std	test-auc-mean	test-auc-std
0	0.671363	0.002312	0.664230	0.004028
1	0.706904	0.016512	0.701872	0.012680
2	0.720477	0.010455	0.714418	0.007702
3	0.729285	0.003538	0.722754	0.002378
4	0.731774	0.002125	0.724381	0.004430
5	0.733388	0.002983	0.725447	0.005220
6	0.736002	0.001503	0.728220	0.004262
7	0.737438	0.002081	0.729013	0.004626
8	0.738542	0.001978	0.729469	0.004785
9	0.739306	0.002250	0.730310	0.004722
10	0.741023	0.002239	0.732004	0.003849
11	0.742478	0.001846	0.733202	0.004259
12	0.743991	0.001873	0.734649	0.004300
13	0.745383	0.001839	0.735624	0.003886
14	0.746143	0.001678	0.736106	0.004104
15	0.746938	0.002030	0.736428	0.004020
16	0.747853	0.001900	0.737020	0.003942
17	0.749060	0.001888	0.737558	0.003965
18	0.749934	0.001999	0.738214	0.003609
19	0.751307	0.001752	0.739088	0.003917
20	0.752285	0.001736	0.739775	0.003965

(b)

	train-auc-mean	train-auc-std	test-auc-mean	test-auc-std
0	0.703850	0.002073	0.679391	0.005852
1	0.738178	0.013303	0.712697	0.010739
2	0.750148	0.011286	0.723250	0.008351
3	0.758555	0.004277	0.730329	0.004817
4	0.762175	0.001481	0.733483	0.004215
5	0.765380	0.001459	0.735819	0.004628
6	0.767867	0.001716	0.737991	0.004308
7	0.769826	0.001748	0.739045	0.004943
8	0.771298	0.001940	0.739587	0.005481
9	0.772870	0.001818	0.740638	0.005904
10	0.774482	0.002064	0.741229	0.005767
11	0.775883	0.002251	0.742297	0.005376
12	0.777135	0.002600	0.742796	0.005900
13	0.778342	0.002999	0.743593	0.006127
14	0.779831	0.002691	0.744222	0.006294
15	0.781199	0.002593	0.744616	0.006413
16	0.782476	0.002437	0.744800	0.006644
17	0.783772	0.002337	0.745438	0.006932
18	0.784939	0.002550	0.746085	0.006906
19	0.786233	0.002550	0.746520	0.006920
20	0.787418	0.002551	0.747311	0.006660

(c)

	train-auc-mean	train-auc-std	test-auc-mean	test-auc-std
0	0.744924	0.003060	0.680526	0.007500
1	0.785043	0.009797	0.709351	0.012440
2	0.800719	0.007954	0.720886	0.011105
3	0.810598	0.002368	0.728880	0.008942
4	0.815769	0.001288	0.732911	0.007263
5	0.819527	0.001604	0.736181	0.008475
6	0.823553	0.001474	0.738487	0.008556
7	0.826295	0.001669	0.739854	0.008340
8	0.829020	0.001208	0.741136	0.008506
9	0.831729	0.001454	0.742935	0.007692
10	0.834023	0.001529	0.743153	0.007591
11	0.836220	0.001508	0.743731	0.007662
12	0.838529	0.002327	0.744160	0.008574
13	0.840477	0.002563	0.745200	0.008572
14	0.842521	0.001919	0.745836	0.008269
15	0.843885	0.001949	0.746094	0.007890
16	0.845790	0.001728	0.746878	0.007883
17	0.847209	0.001666	0.747410	0.007886
18	0.848927	0.001721	0.747763	0.007925
19	0.850421	0.001492	0.748381	0.008257
20	0.852295	0.001635	0.748837	0.007763

图 7.26　max_depth=3、max_depth=5、max_depth=8 的交叉验证效果

3. 特征重要度评估

在训练好 XGBoost 算法构建的模型之后，首先需要评估特征的重要度，并对其进行排序，然后验证特征重要度排序较高的特征是否符合业务逻辑。图 7.27 展示了某异常流量检测模型的特征重要度排序，表示的是该特征在各个子树模型分裂特征选取中被使用的次数。从图 7.27 中可以看出，第 55 个特征"F55"的特征重要度最高，通过验证发现该特征代表的含义与设备的群控画像相关，符合业务认知。

相比简单的单个判别模型，使用 XGBoost 算法构建异常流量检测模型可以大幅提高 F1-score。如果需要继续提升对欺诈流量的覆盖，可以使用堆叠的思想来进一步提高模型效果。表 7.3 中并没有列举堆叠的代表算法，因为堆叠是一种思想，也是一种算法集成框架。

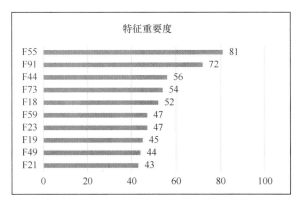

图 7.27　某异常流量检测模型的特征重要度排序

接下来，重点介绍如何基于堆叠的算法思想，提升异常流量检测模型的效果。

在使用 XGBoost 算法构建异常流量检测模型时，算法会选择有效的特征来构建模型，剩余的特征由于其区分性没有那么明显，而没有被算法选中。但其实这些弱特征对于样本也是有区分度的，继续挖掘这些弱特征就可以进一步提升算法的效果。

基于堆叠的异常流量检测模型构建思路，就是将特征按照属性划分，然后分别通过不同属性的特征构建初级学习器。通过训练出不同的初级判决模型，会得到不同的预测分数值，不同的预测分数值可以理解为从不同的维度来评估样本为异常流量的概率，同时不同的预测分数值也是挖掘弱特征后聚合出来的强特征，然后将这些预测分数值作为特征值输入次级学习器中并训练出次级判决模型，最后将次级判决模型的输出作为最终的流量判定结果。因此，堆叠就可以用来挖掘弱特征，更加充分地利用数据，从而提升整体的模型效果。

基于堆叠的异常流量检测模型的整体框架如图 7.28 所示，包含有 M 个初级判定模型和 1 个次级判别模型。这 M 个初级判定模型分别是基于"特征 11 到特征 1N"以及"特征 21 到特征 2N"等特征。在构建某异常流量检测模型时，"特征 11 到特征 1N"是设备维度的特征，"特征 21 到特征 2N"是 IP 维度的特征，"特征 31 到特征 3N"是账号维度的特征，并将其他特征送入其他的初级判别模型，这样做可以保证分别且充分地从设备维度、IP 维度、账号维度和其他维度进行学习，然后将这些维度学习得到的多个子模型判别值作为强特征去训练次级判别模型。训练次级判别模型是基于样本集 2 的，这里需要保证样本集 1 和样本集 2 没有交集，否则容易造成标签泄露的问题，从而影响次级判别模型的训练效果。最终，将次级判别模型给出的判别值作为该异常流量检测模型的输出来识别流量是否为异常流量。

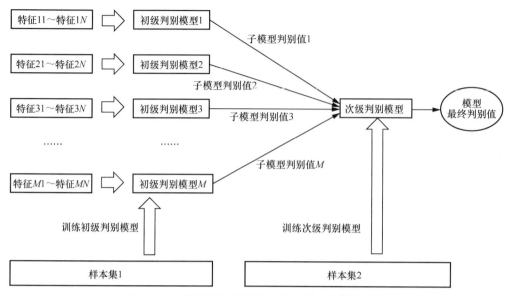

图 7.28 基于堆叠的异常流量检测模型的整体框架

当初级判别模型和次级判别模型选择建模方式时，基于堆叠构建模型和直接使用 XGBoost 算法构建模型相比，基于堆叠的模型效果一般都会更好一些。在某异常流量监测场景下分别使用两种建模方式进行建模，不同建模方式在测试集上的 AUC 对比如表 7.4 所示。通过对比可以发现，通过 XGBoost 算法直接建模在测试集上的 AUC 为 0.742，而基于堆叠构建模型在测试集上的 AUC 为 0.772，可以看出基于堆叠构建模型的 AUC 比通过 XGBoost 算法直接建模的 AUC 提高了 3.0%。在实际模型评估中，不仅需要关注 AUC 指标，还要关注上线打击维度，当达到一定准确率（如 99%）时，来看异常流量召回率提升的比例。

表 7.4　不同建模方式在测试集上的 AUC 对比

	通过 XGBoost 算法直接建模	基于堆叠构建模型
测试集上的 AUC	0.742	0.772

7.4　小结

本章以异常流量检测场景为案例，介绍了不同时期采用的不同机器学习对抗方案。在无样本场景下，采用无监督学习方案构建异常流量检测模型；在单样本场景下，采用半监督学习方案或行为序列方案构建异常流量检测模型；在多样本场景下，采用监督学习方案构建异常流量检测模型。

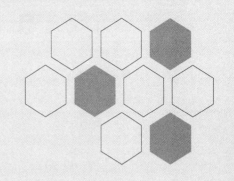

第8章
复杂网络对抗方案

随着黑灰产产业链的快速发展和日趋专业化，在流量欺诈场景中，黑灰产从最初的"单兵作战"模式升级为有组织、有分工的"团伙作战"模式，且隐匿性更强、变化更快。于是，前面几章阐述的单点对抗方案面临着很大的挑战，需借助复杂网络进行团伙层面的对抗。复杂网络对抗方案的核心优势有以下两点。

- 提前发现：当单点欺诈痕迹不明显时，可以通过复杂网络中已知的欺诈邻居节点染色识别，做到提前发现。

- 提升覆盖：当单点欺诈痕迹明显时，可以通过复杂网络的团伙检测覆盖更全面。

从图 1.7 中可知，在流量生命周期的不同阶段，业务面临的流量欺诈问题和特点不一样，产生的黑灰产数据留痕也有明显的差异。所以，对于不同阶段的欺诈识别方案，可以构建的典型复杂网络类型也不一样，主要有以下 3 种典型复杂网络类型。

- 流量前期：黑灰产共资源的复杂网络类型。

- 流量中期：在流量前期的基础上，可以构建黑灰产共行为路径和属性的复杂网络类型。

- 流量后期：在流量前期和流量中期的基础上，可以构建黑灰产共联系人的复杂网络类型。

在流量生命周期的不同阶段，复杂网络对抗方案的演进过程如图 8.1 所示。在流量前期，针对黑灰产欺诈形成的共资源复杂网络，可以基于社区划分算法检测资源聚集性黑灰产团伙；在流量中期，针对黑灰产欺诈形成的共行为路径和属性的复杂网络，可以基于图表征和聚类的方案检测结构相似性黑灰产团伙；在流量后期，针对黑灰产欺诈形成的共联系人复杂网络，可以基于节点重要性评估方案检测黑灰产骨干节点并扩散到欺诈用户节点。

复杂网络相关的基础知识，读者可以参考本系列图书《大数据安全治理与防范——反欺诈体系建设》的第 7 章。本章侧重于在流量欺诈的业务场景下阐述整个流量生命周期的复杂网络对抗方案的演进过程。

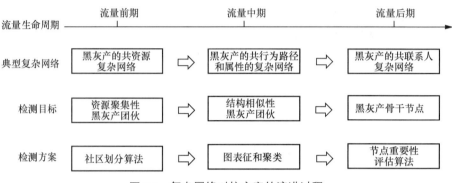

图 8.1　复杂网络对抗方案的演进过程

8.1　流量前期方案

流量前期，黑灰产刚开始进行下载、注册和登录操作，还未进入平台活动，此时产生的数据非常有限。但由于黑灰产必备资源的有限性，基于该阶段产生的数据，可以构建黑灰产共用资源的复杂网络，其结构如图 8.2 所示，主要涉及黑灰产的账号、IP、设备、号码和邮箱等必备资源的共用。

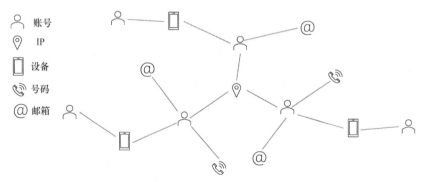

图 8.2　黑灰产共用资源的复杂网络结构

构图的核心要素是要构建可靠的节点和高置信度的边。对于常见的流量欺诈类型，流量前期可以构建的网络节点和边的信息如下所示。

1. 网络节点

- 账号节点：业务平台唯一标识用户的 ID，一般会在注册环节通过绑定用户号码、邮箱等个人信息得到。然后用户在个人设备上凭借该账号授权登录，才能进入业务平台开始活动。

- IP 节点：用户访问业务平台时所处的网络环境 IP，可以是基站 IP、WiFi IP 和服务器 IP 等。

- 设备节点：用户登录账号时所用的设备，如手机、PC 和平板等。

- 号码节点：用户注册账号时所绑定的号码。

- 邮箱节点：用户注册账号时所绑定的邮箱。

2. 网络边

- 账号—号码：同一号码在同一个业务平台只能绑定一个账号，但是可以跨平台注册并绑定多个账号。因此，同一业务号码节点的度为 1，跨平台业务号码节点的度可以大于 1。

- 账号—邮箱：作为账号注册时绑定的个人信息，同一邮箱在同一个业务平台只能绑定一个账号，但是可以跨平台注册并绑定多个账号。

- 账号—设备：同一账号可以通过多个设备登录，同一设备也可以登录多个不同账号。黑灰产为了节省成本，会利用多开等技术控制黑灰产设备批量登录多个账号并同时进行操作。

- 账号—IP：同一账号可以切换多个 IP 登录，同一 IP 下也可以登录多个账号。由于黑灰产批量控制的账号共用一个网络环境，因此会出现同 IP 聚集的现象。

基于黑灰产共用资源的复杂网络，接下来依据业务实际遇到的情况，分别构建子图进行黑灰产资源聚集性团伙检测。

8.1.1　单维资源聚集的团伙检测

欺诈成本的高低是影响黑灰产能否在流量欺诈中最大程度获利的关键要素。为了降低欺诈成本，黑灰产往往会控制一批风险设备，通过操作批量账号进行业务欺诈。在这个过程中，正常用户使用资源呈现比较分散，而黑灰产团伙往往会聚集使用各种黑灰产资源，如黑灰产 IP、黑灰产设备和黑灰产号码等资源。下文以单维的黑灰产 IP 资源聚集的账号团伙检测为例进行阐述。

IP 是必不可少的资源，同时又是有限的，所以黑灰产一般会在同一 IP 下批量操作设备和账号进行欺诈，从而形成黑灰产共 IP 资源的复杂网络，如图 8.3 所示。

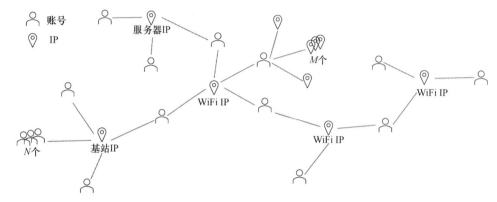

图 8.3　黑灰产共 IP 资源的复杂网络

基于 IP 聚集的黑灰产账号团伙的检测方案，核心步骤包括以下 4 步。

1. 节点和边的裁剪

- 基于时间范围裁剪。IP 的分配是动态的，如果上午将某 IP 分配给 A 区域的用户，那么下午有可能就被分配给 B 区域的用户，若构图选择节点数据的时间范围跨度太大，容易引入过多噪声。考虑到构图所需节点和边的数量也不能太少，因此时间范围选择近 N 小时。但是对于代理 IP，可以选择更长时间范围的聚集数据。

- 基于节点属性裁剪。由于基站 IP 范围很广，涉及一个区域很多用户的使用，很容易引入大量正常用户影响构图效果，因此需要剔除基站 IP、企业 WiFi IP 等大的 IP 节点。另外，从账号维度统计，对于能关联到大量 IP 的账号节点，在构图前期也需要被剔除，避免后期社区划分结果中出现奇异社区。

剪枝的核心目标是保留置信度高的边，对于置信度的定义，不同业务标准有不同的规则。裁剪后的黑灰产共 IP 资源的复杂网络如图 8.4 所示。

2. 异构图转同构图

由于 IP 分配的动态性，即使第一步基于时间范围裁剪，将 IP 节点的时间范围缩短到了近 N 小时，但还是很难避免短时间内 IP 的动态变化，因此基于 IP 聚集的账号团伙是真实团伙的置信度很低。

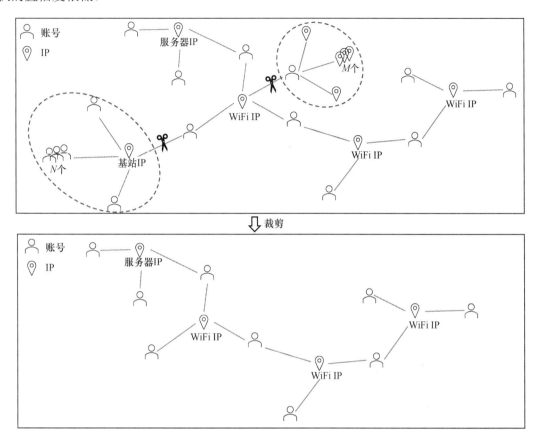

图 8.4　裁剪后的黑灰产共 IP 资源的复杂网络

假设两个账号属于同一个真实团伙，那么不管 IP 怎么切换，这两个账号总会反复出现在同一 IP 下，所以可以用两个账号在同一 IP 下出现的次数作为他们属于同一个真实团伙的置信度，一起出现的次数越多置信度越高。基于这个原理，对于同一个时间切片下同一 IP 下的账号，可以两两之间构建虚拟的边，然后再统计这些虚拟边在近 N 小时内出现的次数，作为这些边的相应置信度权重，从而将 IP—账号之间的异构图转换为账号—账号之间的同构图，如图 8.5 所示。图 8.5 上部分是转换前的异构图，下部分是转换后的同构图，其中边的数值即为置信度权重。基于第二步异构图转同构图的原理，在实际业务中，可以把 N 小时的数据范围扩大到 N 天。

3. 基于社区划分算法识别团伙

将转换后得到的（账号、账号、置信度）边输入社区划分算法中，经过几轮迭代后结果收敛，最后输出团伙划分结果，如图 8.6 所示。

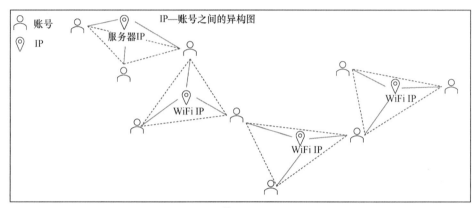

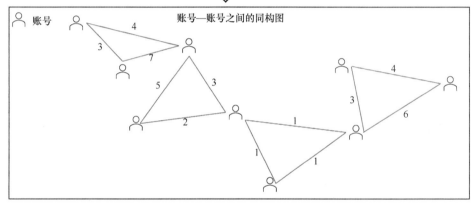

图 8.5　IP—账号之间的异构图转换为账号—账号之间的同构图

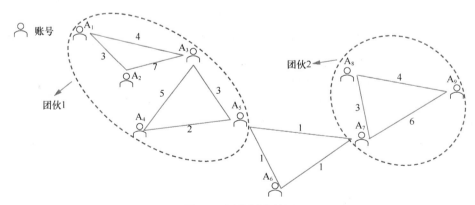

图 8.6　团伙划分结果

4．IP 资源聚集的恶意账号团伙筛选

通过上述步骤中基于社区划分算法得到的团伙划分结果，我们只能知道各节点所属的团伙，但不知道所属的团伙是否恶意，所以需要进一步基于团伙属性值（团伙中黑名单比例和白名单比例等）进行筛选。假设这里已知欺诈标签为账号节点 A_1、A_2 和 A_3，其他账号节点均为正常节点，团伙的属性值计算结果如表 8.1 所示。通过验证高黑名单比例团伙中未知节点的基础属性和行为数据等，可以进一步筛选出自动化的收敛规则。最终基于黑名单比例≥0.5 筛选出团伙 1 为 IP 资源聚集的恶意账号团伙。

表 8.1　团伙的属性值计算结果

团伙 ID	团伙大小	欺诈标签节点数	黑名单比例	是否恶意团伙
1	5	3	0.6	是
2	3	0	0	否

黑灰产设备、黑灰产号码、黑灰产邮箱等其他单维资源聚集的账号团伙检测，与 IP 的流程类似，需要注意的核心点是，结合业务标准制定合理的剪枝方案。

8.1.2　多维资源聚集的团伙检测

上述主要是针对单维黑灰产资源聚集的账号团伙检测，当遇到多种黑灰产资源聚集时，形成的复杂网络异构图属性更突出，此时如果再用将异构图转换为同构图的方式进行处理，流程将会变得很复杂，且效果一般。对于多种黑灰产资源聚集的账号团伙检测，可以以构建异构图的方式进行处理，其方案如图 8.7 所示。

图 8.7　多种黑灰产资源聚集的账号团伙检测方案

1．异构图的构建

（1）边的构建

流量欺诈场景中涉及的黑灰产必备资源有很多种，如黑灰产 IP、黑灰产设备、黑灰产号码、黑灰产邮箱等，业务方需要根据具体业务情况进行关系抽取，这里主要采用 IP 与账号、设备与账号的关系构建边进行具体阐述。

（2）节点和边的裁剪

IP 节点的裁剪方式可参考 8.1.1 节。

设备节点的裁剪会将特别异常的设备节点剔除。例如一个设备关联了大量账号，此时该设备节点可能存在数据异常，应该被剔除。

对于能关联到大量 IP 或者大量设备的异常账号节点，需要通过人工确认不存在数据收集异常才能使用，否则应该被剔除。

（3）图的构建

在上述两步预处理后，最终得到多种黑灰产资源聚集的异构图，如图 8.8 所示。

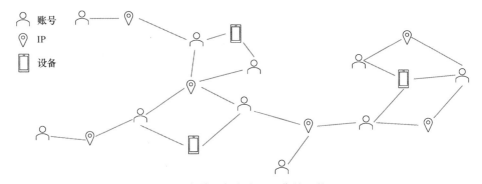

图 8.8   多种黑灰产资源聚集的异构图

2. 异构图的表征

由于在多种黑灰产资源聚集形成的复杂网络中异构图属性突出，同时存在多种类型节点，所以在进行图表征学习时，node2vec 等同构图的表征学习算法只能学习节点之间关联的结构信息，无法区分节点类型之间的信息差异，对于账号团伙的识别效果很受限。而通过预先指定好元路径（即节点类型序列），metapath2vec++算法不仅能够学习到节点之间关联的结构信息，还能很好地区分节点的类型语义信息，在处理异构图的表征学习方面有着独特的优势，具体表征学习过程可分为如下 3 步。

（1）元路径的定义

图 8.8 中的黑灰产资源聚集团伙主要有 3 种，一是黑灰产设备资源聚集的账号团伙；二是黑灰产 IP 资源聚集的账号团伙；三是黑灰产设备和黑灰产 IP 资源多种资源聚集的账号团伙。这 3 种情况相应的 3 种元路径如图 8.9 所示。

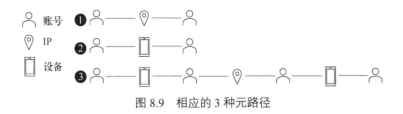

图 8.9　相应的 3 种元路径

其中，元路径 1 侧重于学习黑灰产 IP 聚集结构的表征；元路径 2 侧重于学习黑灰产设备聚集结构的表征；元路径 3 侧重于学习多种黑灰产资源聚集结构的表征。另外，指定元路径时需要特别注意，指定的节点类型需要左右对称，否则无法实现元路径的重复游走。

（2）基于随机游走生成节点序列

一般的随机游走算法（如 DeepWalk 算法）不区分节点类型，会随机选择下一个节点进行游走，这种游走策略对同构图中的节点选择来说是公平的。但是对于异构图的多种节点类型，如果存在节点类型严重倾斜的情况时，那么 DeepWalk 这类算法的随机游走策略会倾向于选择高可见类型节点跳转，容易损失低可见类型节点的信息。而 metapath2vec++算法针对异构图的这种情况，会预先指定节点类型的元路径，然后在随机游走过程中按照元路径的指定方式进行跳转生成节点序列，提高了低可见类型节点在游走序列中的"曝光度"，节点序列信息更丰富。

设置 metapath2vec++随机游走过程的最长游走长度为 N（参数 N 可以根据具体业务需要进行设置），按照上一步预先设置好的元路径进行随机游走，得到 K 行节点序列，随机游走生成的节点序列如图 8.10 所示。

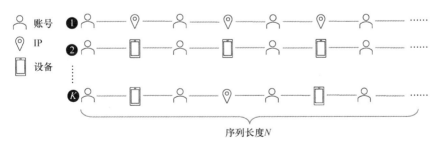

图 8.10　随机游走生成的节点序列

（3）基于 Skip-gram 算法生成节点向量

传统的 Skip-gram 算法是不区分节点类型的，会将整个节点序列看作同一类型节点进行训练，损失了类型语义信息。而 metapath2vec++算法结合异构图的特点改进了 Skip-gram 算法，使生成的节点向量不仅包含节点之间的结构信息，而且包含节点类型的语义信息。

基于上一步随机游走生成的节点序列，可以再利用改进后的 Skip-gram 算法生成账号节点 M 维向量，如图 8.11 所示。

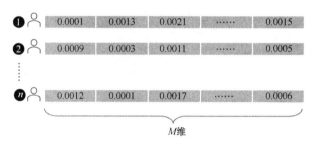

图 8.11 基于改进后的 Skip-gram 算法生成账号节点 M 维向量

3. 团伙的聚类识别

上一步将异构图中所有账号节点，基于元路径随机游走采样后通过 Skip-gram 算法投射到同一向量空间，此时共用 IP 和设备的业务账号在向量空间中会比较接近。而流量欺诈过程中黑灰产为了降低成本，会出现黑灰产必备资源的共用，导致黑灰产账号之间的距离往往比正常账号之间更接近，且呈现高密度聚集现象，所以通过密度聚类方式可以有效识别黑灰产资源聚集的高密黑灰产账号团伙。接下来选用 DBSCAN 算法进行黑灰产账号团伙聚类识别，具体过程可分为如下两步。

（1）基于 DBSCAN 算法，可以得到各类聚集群体，基于 DBSCAN 算法的群体划分结果如图 8.12 所示。

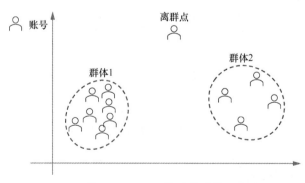

图 8.12 基于 DBSCAN 算法的群体划分结果

（2）基于群体属性值进一步筛选出黑灰产账号团伙。基于 DBSCAN 算法聚类得到的群体，通过关联账号黑名单，可以发现群体 1 中的黑名单比例为 0.57，而群体 2 和离群点均未关联到黑名单，基于群体属性值筛选黑灰产账号团伙如图 8.13 所示。假设将黑名单比例≥0.5 作为黑灰产账号团伙的筛选阈值，那么群体 1 最终被识别为黑灰产账号团伙。

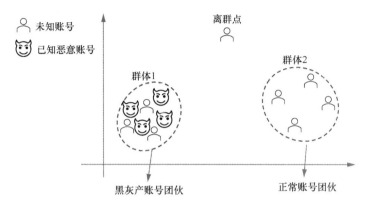

图 8.13　基于群体属性值筛选黑灰产账号团伙

8.2　流量中期方案

流量中期，黑灰产开始进入平台活动，产生恶意点击、评论、引流、欺诈 APK 和 URL 传播等相似行为路径和行为属性。该阶段流量欺诈形成了共黑灰产行为路径和属性的复杂网络。流量前期复杂网络中节点属性信息比较少，而到了流量中期，黑灰产活动过程中产生的信息量较多，相应的账号节点属性信息也更丰富。因此，流量中期形成的异构图可以通过引入节点属性信息，进一步提升团伙识别效果。流量中期的复杂网络对抗方案如图 8.14 所示。

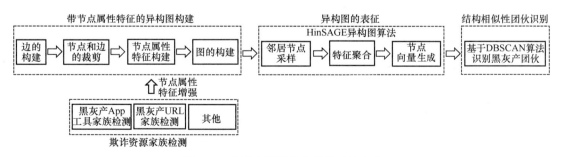

图 8.14　流量中期的复杂网络对抗方案

接下来，先基于异构图识别结构相似性黑灰产账号团伙，然后构建传播资源的复杂网络，从而识别更多黑灰产欺诈 App 和 URL 等资源，并以此来增强账号节点欺诈属性信息，进一步提升识别黑灰产账号团伙的效果。

8.2.1   结构相似性团伙检测

8.1.2 节中阐述了流量前期基于 metapath2vec++ 异构图算法识别账号团伙的方案，没有融入节点属性信息，得到的节点向量表征效果有限。而随着黑灰产活动内容增多，流量中期的节点属性信息也更丰富，通过在异构图中引入节点属性信息，可以进一步增强结构相似性账号团伙的识别效果，流量中期结构相似性账号团伙识别方案如图 8.15 所示。

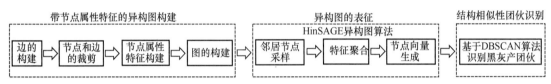

图 8.15   流量中期结构相似性账号团伙识别方案

1．带节点属性特征的异构图构建

构建带节点属性特征的异构图，可以分为 4 步，分别是边的构建、节点和边的裁剪、节点属性特征构建和图的构建。

（1）边的构建

流量中期涉及的复杂网络关系很多，例如账号与黑灰产资源之间的共用关系，账号与黑灰产 App 工具、黑灰产 URL 之间的传播关系，账号与商品之间的购买关系等，在实际业务对抗中，需要根据具体情况进行关系抽取。为了阐述方便，这里主要抽取了 IP 与账号、设备与账号的关系构建边，从而讲解构图过程。

（2）节点和边的裁剪

对于 IP 节点的裁剪，其核心是剔除影响用户数量比较大的公共 IP，如基站 IP、企业 WiFi 等公共 IP，对识别黑灰产账号团伙的帮助不大，裁剪这些 IP 节点可以避免干扰且降低计算量。

对于设备节点的裁剪，其核心是剔除异常的噪声设备，例如一个设备关联了大量账号，此时该设备节点可能存在数据异常，需要人工进一步确认数据上报是否正常，应该对异常设备进行剔除。

对于账号节点的裁剪，同设备节点的裁剪方案类似。对于能关联到大量 IP 或者大量设备的异常账号节点，需要人工进一步确认不存在数据上报异常才能被使用，否则应该将该账号节点剔除。

（3）节点属性特征构建

IP 节点的属性特征主要从 IP 属性、IP 关联业务数据等特征类型构建，如表 8.2 所示。

表 8.2　IP 节点属性特征

特征类型	特征维度
IP 属性	是否是服务器 IP
	是否是代理 IP
	……
	是否是海外 IP
IP 关联业务数据	N 小时内登录次数
	N 小时内关联账号数
	……
	N 小时内关联设备数

设备节点的属性特征主要从设备属性、设备关联业务数据等特征类型构建，如表 8.3 所示。

表 8.3　设备节点属性特征

特征类型	特征维度
设备属性	是否是廉价机型
	是否是旧版本操作系统
	……
	是否获取 root 权限
设备关联业务数据	N 小时内登录次数
	N 小时内关联账号数
	……
	N 小时内关联 IP 数

账号节点的属性特征主要从账号属性、账号业务内的行为数据等特征类型构建，如表 8.4 所示。

表 8.4　账号节点属性特征

特征类型	特征维度
账号属性	是否是新注册账号
	是否通过海外卡注册账号
	……
	是否是僵尸账号

续表

特征类型	特征维度
账号业务内的行为数据	是否短时间内高频访问
	是否在短时间内拥有很规律的访问间隔时间
	深夜时段的点赞次数
	……
	N 小时内的评论次数

（4）图的构建

基于上述抽取的关系，结合节点属性特征，流量中期的复杂网络异构图如图 8.16 所示，其中包含 3 种类型的节点（账号节点、IP 节点和设备节点），每种类型节点的属性特征维数不一致。

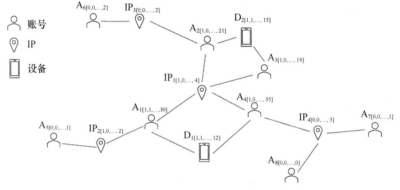

图 8.16　流量中期的复杂网络异构图

2. 异构图的表征

基于构建完成的异构图，接下来通过 HinSAGE 算法学习并生成节点向量。HinSAGE 算法支持有监督学习和无监督学习两种方式，具体原理可以参考本系列图书《大数据安全治理与防范——反欺诈体系建设》的 7.5.3 节。无监督学习方案的核心过程可分为以下两点。

（1）邻居节点采样

邻居节点采样是自内向外的过程，即从当前目标节点出发，先是采样第 1 层节点，然后再基于第 1 层采样结果继续采样第 2 层邻居节点。在采样开始前，先设置好节点采样深度和每层的节点数，这里设置采样深度为 2，且第 1 层采样邻居节点数设置为 2，第 2 层每个节点采样邻居节点数也设置为 2，那么第 2 层总采样节点数为 4，邻居节点的采样结果如图 8.17

所示。其中，A_1 为当前目标节点，第 1 层采样节点为 IP_1 和 D_1，第 2 层 IP_1 的采样邻居节点为 A_2、A_3，第 2 层 D_1 的两次采样邻居节点均为 A_4。采样过程中可能遇到节点类型缺失的情况，此时通过填充默认值处理即可。

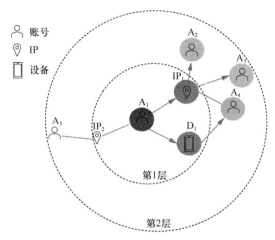

图 8.17　邻居节点的采样结果

（2）特征聚合和节点向量生成

特征聚合本质上是基于邻居节点属性特征聚合后，再与当前节点自身属性特征拼接转换的过程。为了让特征聚合的效果更好，在流量欺诈场景中，同类型节点一般建议采用均值聚合，这样可以获得邻居节点整体平均风险情况；不同类型节点一般建议采用最大值聚合，如果流量欺诈场景的单一类型节点有风险，那么整体有风险的可能性也很大。

特征聚合和节点采样过程恰好相反，是自外向内的过程，特征聚合的过程如图 8.18 所示。先是将第 2 层采样的同类型账号节点 A_2 和 A_3 进行均值聚合，得到 IP_1 节点的邻居特征向量，然后再与 IP_1 节点自身的属性特征向量进行拼接和转换后，得到该节点的最新特征向量。同理可以得到 D_1 节点的最新特征向量。接着基于第一层 IP_1 节点和 D_1 节点的特征向量进行聚合，但是由于 IP_1 节点和 D_1 节点的类型不一样，其属性特征向量维数不相同，因此需要先通过矩阵变换成同一维数的向量，矩阵变换公式如下：

$$h_v^{k-1} = h_v^{k-1} \cdot W_{\varphi(v)}^k$$

其中 v 是节点类型，k 是当前深度，$W_{\varphi(v)}^k$ 是当前深度的变换矩阵，该矩阵是可以通过训练学习得到的。

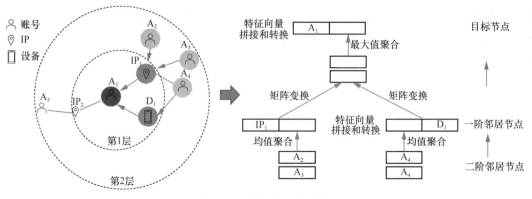

图 8.18　特征聚合的过程

IP$_1$ 节点和 D$_1$ 节点属性特征向量通过矩阵变换成同一维数的向量后，接着再进行最大值聚合，得到目标节点 A$_1$ 的邻居节点特征向量，再与目标节点 A$_1$ 自身的属性特征向量进行拼接和转换，最终得到目标节点 A$_1$ 的最新特征向量。

3. 结构相似性团伙识别

在得到各类型节点向量后，然后基于 DBSCAN 算法进一步识别结构相似性的账号团伙，具体过程可参考 8.1.2 节中团伙的聚类识别这一步骤。

8.2.2　欺诈资源家族检测

上述基于异构图识别结构相似性团伙的效果，主要依赖于节点向量表征效果的好坏，而其中涉及的节点属性信息的丰富程度，在一定程度上决定了向量表征的效果好坏。在流量中期，黑灰产为了引流或者欺诈，开始传播欺诈 App、欺诈 URL 等黑灰产资源，而这些传播欺诈资源的行为信息是区分黑灰产和正常用户最直接有效的信息，可以作为账号节点属性特征引入流量中期的复杂网络异构图中，增强节点向量的表征能力。

黑灰产传播的欺诈资源有很多种，接下来主要以欺诈 App 资源为例进行阐述。通过黑灰产传播的欺诈 App 资源的家族检测，扩散识别更多的欺诈 App，从而增加账号节点的欺诈属性信息，进一步提升异构图的识别效果。

在对抗激烈的情况下，往往会衍生出各种欺诈 App 的家族变种且呈长尾分布，例如欺诈 App 的包名一样但软件名不一样、软件名一样但包名不一样、软件名和包名一样但文件的 sha1 不一样等，业务方难以对其识别并覆盖完全。但从复杂网络关系来看，欺诈 App 家族变种之间存在一定的联系，例如具有共软件名、共包名和共证书等特点。因此，可以基于欺

诈 App 的 sha1、证书、包名、软件名之间的共有关系，构建异构图扩散识别黑灰产家族欺
诈 App，具体步骤可分为以下 5 步。

1. 边的构建

欺诈 App 的 sha1、证书、包名、软件名之间的关系有很多，这里主要抽取 sha1 和证书、
sha1 和包名、sha1 和软件名这 3 种边的关系。其中，sha1 唯一对应一个 App 文件，只要是
同一个 App 文件，sha1 就是相同的；而黑灰产可以修改证书、包名和软件名。

2. 节点和边的裁剪

一是基于时间范围的裁剪。主要提取近 N 天内的 App 关系数据。

二是基于节点属性的裁剪。为了避免构图过程中引入大量正常节点，这里主要针对高热
的 sha1、证书、包名、软件名进行剔除。

3. 权重设计

欺诈 App 主要是黑灰产使用或者传播，由于欺诈 App 变种快、热度更低，因此 App
的热度越低越倾向于是黑灰产欺诈 App。这里将 sha1 和证书、sha1 和包名、sha1 和软件
名这 3 种边出现的热度值 0～100 万（超过 100 万的热度值被置为 100 万）。先通过等距分
箱划分为 1000 个箱体，每个箱体对应的热度值范围宽度为 1000，然后再取其倒数作为权
重，权重设计的过程如图 8.19 所示。当权重越大时，该 App 是黑灰产家族欺诈 App 的可
能性就越高。

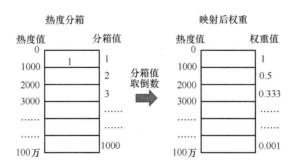

图 8.19　权重设计的过程

4. 构图

基于上述抽取的关系，通过节点和边的裁剪后，黑灰产欺诈 App 家族血缘关系如图 8.20
所示。其中，S_1 和 S_2 共包名 P_1，S_1 和 S_3 共证书 C_1，S_2 和 S_3 共软件名 N_2，S_3 和 S_6 共包名

P$_2$，S$_6$ 和 S$_7$ 共软件名 N$_3$。

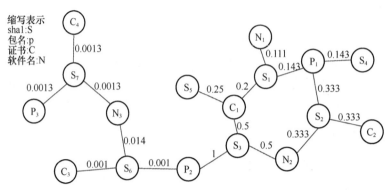

图 8.20　黑灰产欺诈 App 家族血缘关系

5. 基于社区划分算法的黑灰产欺诈 App 家族划分和筛选

基于得到的黑灰产欺诈 App 家族血缘关系，经过社区划分算法的多轮迭代后达到平衡，最后输出家族划分结果，并基于家族属性值（如欺诈 App 种子占比等）筛选出最终的黑灰产欺诈 App 家族，如图 8.21 所示。

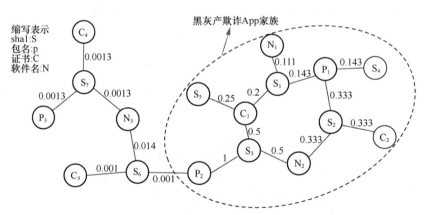

图 8.21　最终的黑灰产欺诈 App 家族

基于黑灰产欺诈 App 家族检测，可以扩散识别出更多欺诈 App，并将其作为账号节点属性信息引入 8.2.1 节的异构图中，进一步增强节点向量的表征，提升账号团伙的识别效果。黑灰产传播的欺诈 URL 家族检测，读者可以参考本系列图书《大数据安全治理与防范——网址反欺诈实战》的第 8 章。

8.3 流量后期方案

流量后期，社交属性更突出。在流量中期的引流之后，流量后期的黑灰产开始与用户之间建立联系并实施欺诈，例如黑中介与用户之间建立金融联系并进行贷款欺诈，虚假商家与用户之间建立交易联系并实施交易欺诈等。这个阶段黑灰产欺诈形成的主要是共用中间关系人（如黑中介）的复杂网络，如图 8.22 所示，其中，A_5、A_6 和多个账号建立了关系，属于典型中间关系人节点。

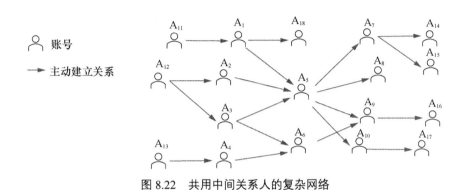

图 8.22　共用中间关系人的复杂网络

流量后期主要基于复杂网络识别出的欺诈骨干节点，扩散到可疑用户节点，进一步提升识别欺诈用户的覆盖能力。流量后期的复杂网络对抗方案如图 8.23 所示。

图 8.23　流量后期的复杂网络对抗方案

接下来，以贷款欺诈场景的黑中介识别为例，来阐述构图和建模的过程。

1. 图的构建

（1）边的构建

这里主要抽取账号与账号之间建立的关系来构建边。

（2）节点和边的裁剪

一是基于时间范围的裁剪。主要提取近 N 天内的账号关系数据。

二是基于节点属性的裁剪。由于是贷款欺诈场景，因此筛选的节点都是具有金融属性的节点，对于没有金融属性的节点均进行剔除，从而得到金融属性子图。

（3）图的构建

基于上述抽取的关系，在对节点和边进行裁剪后，最终构建出的流量后期的金融属性子图如图 8.24 所示。其中，A_{15} 和 A_{18} 由于不具有金融属性而被剔除。箭头所指的方向表示起点节点主动与终点节点建立关系。因此，顺着箭头方向应用 PageRank 传播节点 PR 值被称为正向 PageRank 方案；而逆着箭头方向应用 PageRank 传播节点 PR 值被称为反向 PageRank 方案。接下来详细阐述基于双向 PageRank 识别黑中介的方案。有关 PageRank 原理的相关知识请读者参考本系列图书《大数据安全治理与防范——网址反欺诈实战》的第 7 章。

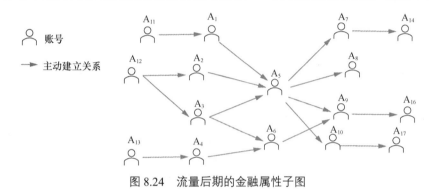

图 8.24   流量后期的金融属性子图

2. 双向 PageRank 交叉识别黑中介

在贷款欺诈黑中介建立关系的复杂网络中，从用户角度来看，有借款需求但征信有问题的用户会与多个非官方渠道的贷款黑中介主动建立联系，用户希望通过他们包装资料后成功申请到贷款。从黑中介角度来看，为了获利会大量拓展客户，会与拥有潜在借款需求的大量账号节点主动建立联系，一方面通过给征信有问题的用户包装资料获取高额手续费，另一方面通过直接借用黑户包装贷款资料的噱头来骗取手续费。

黑中介节点和普通节点的区别在于，黑中介节点属于中间关系人的骨干节点，会有大量拥有借款需求的节点与其主动建立关系，且黑中介节点自身也会主动与其他大量有潜在借款需求的节点建立关系。从节点影响力角度来看，因为黑中介在复杂网络中属于具有影响力的骨干节点，而 PageRank 是刻画节点影响力的典型算法，所以可以基于 PageRank 识别黑中介骨干节点。基于双向 PageRank 交叉识别黑中介的具体流程可分为以下 3 步。

（1）基于正向 PageRank 提取候选中介节点

有借款需求的大量用户账号节点会与黑中介节点主动建立关系。将用户主动建立关系的这个方向视作正方向，从 PageRank 的传播角度看，大量用户节点的 PR 值会传播给黑中介节点，导致黑中介节点的 PR 值比普通节点的 PR 值更高，从而可以基于阈值筛选出正向 PR 值高的节点作为候选黑中介节点。正向 PageRank 的 PR 值传播过程如图 8.25 所示。

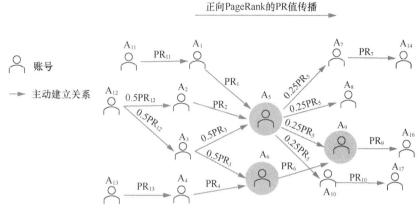

图 8.25　正向 PageRank 的 PR 值传播过程

其中，从正向 PR 值的传播来看，由于与 A_5、A_6、A_9 节点主动建立关系的用户节点相对较多，当 PageRank 迭代达到平衡时，这 3 个节点的 PR 值相对其他节点的 PR 值更高，属于影响力骨干节点。又因为这些用户节点经过前期的裁剪后，留下的都是具有金融属性的账号节点，即拥有大量金融属性的用户节点主动建立关系的影响力节点，这类账号节点是贷款黑中介的可能性更大，所以在正向 PageRank 过程中，A_5、A_6、A_9 节点被筛选为候选贷款黑中介节点。

（2）基于反向 PageRank 提取候选中介节点

上述正向 PageRank 过程筛选出的候选贷款黑中介节点，主要是大量有借款需求用户主动建立关系的中间影响力节点。但主动与其他中介（如赌博中介）建立关系的部分赌博用户存在债务风险，也有借款需求，所以在正向 PageRank 过程中也具有相似特点。

为了更准确筛选出贷款黑中介，需要结合业务层面进行进一步筛选。贷款黑中介与赌博等其他中介，在与目标用户主动建立关系的过程中是有区别的，赌博等其他中介的主要目标用户不是有借款需求的用户，但贷款黑中介的主要目标用户是有借款需求的用户。因此，贷款黑中介节点为了拓展客户，也可能与有借款需求的大量用户账号节点主动建立关系。在图 8.25 中，候选中介节点 A_5 与 A_7、A_8、A_9、A_{10} 分别主动建立了关系，但在正向 PageRank 的 PR 值传播过程中，A_7、A_8、A_9 和 A_{10} 这部分可能有借款需求的用户账号节点无法把 PR

值传播给黑中介节点，在识别黑中介节点的过程中没有被很好利用。

进一步基于业务思考可以发现，如果按照主动建立关系的反方向进行 PR 值传播，A_7、A_8、A_9 和 A_{10} 这部分可能有借款需求的用户账号节点就可以把 PR 值传播给后续黑中介节点 A_5，这种方式叫作反向 PageRank 的 PR 值传播，其过程如图 8.26 所示。通过反向 PR 值传播，会使大量被动建立关系的用户节点的 PR 值传播给黑中介节点，导致黑中介节点的 PR 值更高，从而可以基于阈值筛选出反向 PR 值高的节点，并将其作为候选黑中介节点。

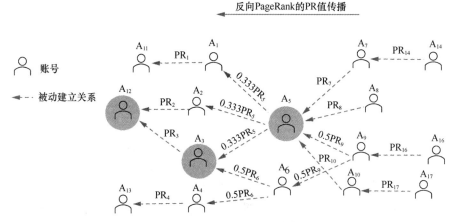

图 8.26　反向 PageRank 的 PR 值传播过程

从反向 PR 值的传播来看，由于与 A_3、A_5、A_{12} 节点被动建立关系的用户节点相对较多，当 PageRank 迭代达到平衡时，这 3 个节点的 PR 值比其他节点的 PR 值更高，属于反向 PR 值传播过程中的影响力骨干节点。因为这些用户节点在经过前期的裁剪后，留下的都是具有金融属性的账号节点，即拥有大量金融属性的用户节点被动建立关系的影响力节点，这类账号节点是贷款黑中介的可能性更大，所以在反向 PageRank 过程中，A_3、A_5、A_{12} 节点被筛选为贷款黑中介候选节点。

（3）正反 PageRank 交叉确认黑中介节点

由上述两步的结果可知，正向 PageRank 过程筛选出的候选贷款黑中介节点为 A_5、A_6、A_9，反向 PageRank 过程筛选出的候选贷款黑中介节点为 A_3、A_5、A_{12}。正反 PageRank 交叉确认的贷款黑中介节点如图 8.27 所示，最终确认出贷款黑中介节点是 A_5。

3.　欺诈用户账号染色识别

基于上一步识别出的贷款黑中介，通过主动建立和被动建立的一度关系，进一步扩散出更多的贷款欺诈用户节点，提升识别贷款欺诈用户的覆盖能力，基于贷款黑中介节点扩散出的贷款欺诈用户账号如图 8.28 所示。

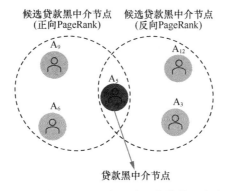

图 8.27 正反 PageRank 交叉确认的贷款黑中介节点

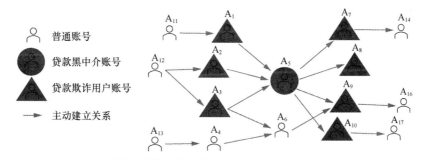

图 8.28 基于贷款黑中介节点扩散出的贷款欺诈用户账号

本节主要以贷款欺诈黑中介为例进行阐述，其他类型中介骨干节点和欺诈用户的染色识别方案类似，核心区别是业务形态中欺诈模式的不同。

8.4 小结

本章主要基于流量生命周期各阶段形成的典型复杂网络特点，分别构建对应的方案识别欺诈流量。首先，基于流量前期形成的共用黑灰产资源的复杂网络，利用社区划分等算法检测黑灰产资源聚集的团伙；其次，进一步基于流量中期形成的共行为路径和节点属性的复杂网络，利用异构图算法检测结构相似性账号团伙；最后，基于流量后期形成的共关系人的复杂网络，利用双向 PageRank 方案检测黑中介节点，并染色识别出贷款欺诈用户账号节点。从而形成贯穿流量前期、中期和后期的全生命周期复杂网络整体对抗方案。

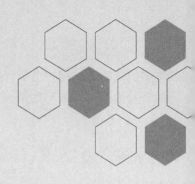

第 9 章
多模态集成对抗方案

从广告推广到吸引用户注册，再到用户登录参加优惠活动，最后到业务方进行营销结算，在平台流量流转的每一个环节中，都有黑灰产的活动。但只要黑灰产有作恶，就会留下相应的痕迹，例如在账号注册环节，黑灰产会使用一些特殊的手机号码资源进行批量注册，那么就会在平台账号、手机号码、设备号和网络 IP 等介质关系中呈现出异常现象，再如在婚恋平台上，用户可以发布文本和图片等内容，黑灰产则会群发批量生成的图片和文字等信息企图获客，那么就会在内容上留下痕迹。

前面章节讲述的流量反欺诈技术是针对单一维度的作恶痕迹进行识别，如设备维度、手机号维度等，对黑灰产欺诈流量的覆盖能力有限。为了进一步提升对黑灰产欺诈流量的覆盖效果，下文会引入多模态集成对抗方案。一种模态指的是一种来源或者一种数据形态，在黑灰产欺诈流量的识别中，每个作恶痕迹就是一种模态的信息。那么前面章节讲述的不同维度的技术对抗就是不同单模态的对抗方案，多模态集成对抗方案通过将不同来源的作恶痕迹作为多模态合理地联合在一起，以达到更好识别黑灰产欺诈流量的效果。单模态与多模态集成对抗方案的对比如图 9.1 所示。

单模态对抗方案	多模态集成对抗方案
☐ 数据模式单一，数据维度低	☐ 融合多个模态数据，数据维度高
☐ 单一模态下黑灰产作恶不明显	☐ 黑灰产作恶总会在一种模态留下痕迹
☐ 黑灰产识别准确率和覆盖率不足	☐ 黑灰产识别准确率高，覆盖率也高

图 9.1　单模态与多模态集成对抗方案的对比

从数据维度来分析，相对于单模态对抗方案，多模态集成对抗方案融合了多个模态的数据，所以多模态集成对抗方案的数据维度高。而在高维空间中，黑灰产样本和正常样本具有更好的可分性，因此更有利于流量反欺诈行为的精准识别。从业务维度来分析，单一模态下的黑灰产作恶可能不明显，但是只要黑灰产在任意一个模态中留下作恶痕迹，就可以根据作恶线索对其进行识别。因此，多模态集成对抗方案对黑灰产欺诈流量的识别上都会呈现准确率和覆盖率均更高的现象。

9.1 多模态数据来源

根据黑灰产可能会在平台的各个环节中留下作恶痕迹，从数据类型上看，模态数据通常可以划分为：复杂网络关系信息、文本信息、图像信息和其他模态信息。

9.1.1 关系图谱信息

复杂网络关系信息可以描述流量中不同实体之间的关联关系，例如平台账号、手机号、设备号和网络 IP 等介质的关系，其中平台账号是用户在业务平台注册的账号 ID；平台账号一般需要绑定一个手机号；用户登录平台账号需要用到设备，设备号是设备标识的 ID；设备登录平台需要网络环境，网络 IP 是区别每个网络和每个主机的逻辑地址。账号登录环境的复杂网络关系如图 9.2 所示。

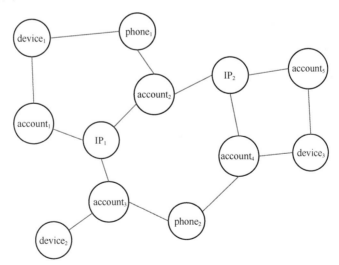

缩写表示
平台账号：account
手机号：phone
设备号：device
网络IP：IP

图 9.2 账号登录环境的复杂网络关系

这个关系图记录了平台账号绑定的手机、活跃的设备号以及所处网络下 IP 地址的对应关系。如果想要挖掘关系图中的信息，那么可以综合多个维度的数据构建规则和模型，也可以直接应用复杂网络模型识别。基于复杂网络模型的复杂网络对抗方案在本书第 8 章中进行详细介绍，挖掘关系图谱信息主要可分为以下 3 个方向。

- 异常节点检测：检测账号登录环境的复杂网络关系中的异常节点，这种异常节点主要的表现是节点在复杂网络关系中的度中心性和 PageRank 等测度值过高，一般的表现是黑灰产控制的手机号注册了过多的账号或设备上登录了过多的账号。

- 异常社团检测：利用标签传播算法（label propagation algorithm，LPA）、Louvain 算法等对复杂网络关系做社团发现，提取对应社团并对社团进行验证，识别其中异常的社团。异常社团中包含的平台账号、手机号和设备可以认定为黑灰产团伙所公共持有的。

- 学习节点的向量表示：通过复杂网络关系中的结构信息，基于 DeepWalk、node2vec 等算法，可以从节点与节点的关系出发，生成包含结构信息的节点向量表示，从而识别异常节点。

9.1.2　文本信息

黑灰产从平台中获客的另外一种方式是在文章或者评论中，发布一些为色情和赌博引流的文本，以及诱导用户点击分享的欺诈文本。在这个环节中，黑灰产会留下作恶的文本信息。图 9.3 展示了黑灰产团伙在某商品的评论区留下的垃圾评论，通过利益诱惑或者色情内容来吸引用户，实现引流或者欺诈的目的。

图 9.3　黑灰产团伙在某商品的评论区留下的垃圾评论

为了识别并打击这些引流和欺诈文本，需要结合这些评论的文本内容对其进行识别，文本内容对抗技术在本系列图书《大数据安全治理与防范——反欺诈体系建设》的第 6 章中有详细的阐述。

9.1.3 图像信息

图像也是常见的内容表达方式，相较于文本，图像信息更加丰富，也更加容易吸引用户，黑灰产会采用发布包含诱惑性内容的图像来达到引流和诈骗的目的。黑灰产引流刷单图像示例如图 9.4 所示，通过"在家躺着也赚钱"以及"日入 100"等字眼，再结合下载 App 的二维码，诱导用户下载对应的 App，然后将用户引流到网赚平台，从而对用户实施欺诈。

图 9.4　黑灰产引流刷单图像示例

基于黑灰产在平台上发布的引流图像，图像算法可以对其进行识别并打击。通过图像对黑灰产进行打击，一般存在以下两个思路：一是通过提取图像中的文本，通过文本算法进行识别；二是直接对图像运用图像算法进行检测。实战中都是两种方案综合使用，图像内容对抗技术在本系列图书《大数据安全治理与防范——反欺诈体系建设》的第 6 章中有详细的阐述。

- 图像提取文字识别：由于黑灰产发布图像的目的明确，一般都会在图像上加入大量描述文字，通过这些文字就可以对其精准识别，因此可以通过 OCR 文字识别技术将图像文字提取出来，然后对提取的文字做文本分析，识别是否是黑灰产发布的信息。

- 图像内容识别：从图片内容的角度，通过训练对应的图像检测模型，对黑灰产发布的图像进行识别和拦截。

9.1.4 其他模态信息

除了上文介绍的关系图谱信息、文本信息和图像信息外，黑灰产为了避免被识别，也会将要传达的信息通过语音或者视频的形式进行传播，如游戏聊天频道常见的语音消息、在平台内发布的视频内容等。因此，基于语音和视频的安全检测方案，也可以使用在反欺诈检测场景中。

多模态信息识别黑灰产生产的不良内容如图9.5所示。结合文本信息、图像信息、音频信息和视频信息这4个模态的信息，就可以全方位地识别黑灰产生产出来的不良内容，从而有效地对其进行识别和拦截。然后再通过账号复杂网络关系信息，可以从团伙的角度挖掘出黑灰产团伙，达到从局部到整体的全方位识别黑灰产的效果。

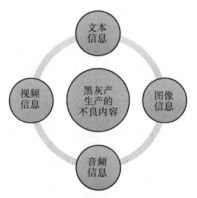

图 9.5　多模态信息识别黑灰产生产的不良内容

9.2　多模态融合方案

如果想要将多模态信息用于黑灰产流量识别，就需要先将多模态信息进行融合。多模态信息融合与建模的关系如图9.6所示，按照建模的3个阶段，多模态信息融合可以划分为：数据层融合、特征层融合和决策层融合。

图 9.6　多模态信息融合与建模的关系

- 数据层融合：在数据收集阶段，将相同类型的数据进行合并，后续一起加工为特征。

- 特征层融合：先各自收集数据，分别加工为特征，然后将特征进行融合，后续一起参与建模。

- 决策层融合：特征之间不进行融合，分别构建模型，然后通过多个模型分一起进行决策。

接下来，详细介绍 3 个阶段的多模态融合方案，以及他们常见的适用场景。但在实际工程化中，不会按照固定的某一种标准的融合方案，而是会按照数据特征、业务场景、业务目标和评估标准，灵活地选用不同的融合方案。

9.2.1　数据层融合

数据层融合是指在数据采集预处理阶段，将不同模态的数据收集在一起，进行融合处理。数据层融合便于将多模态信息加工为特征。数据层融合的优点是数据在底层就进行了充分融合，有利于保证接下来模型训练的效果，但缺点是如果这些底层的数据差异化过大，模态之间的关联性会很弱，反而会影响后续建模的效果。

因此，在数据层进行多模态信息融合时，优先融合同一形态的信息。以文本信息为例，黑灰产在平台中为了达成引流的目的，会留下各种文本信息，包括评论文本、用户简介信息和用户发布的话题内容等。仅采用任意一个来源的文本信息来构建模型，都有可能存在漏检的情况，但将多个来源的文本信息一起用来构建数据，就可以在数据层将文本信息进行充分融合，从而大幅提高后期模型的召回率。不同来源文本的数据层融合如图 9.7 所示。

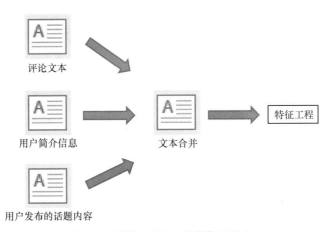

图 9.7　不同来源文本的数据层融合

针对相同数据形态的文本内容，可以在数据层直接合并处理。但是对于不同形态的数据，如文本信息、图像信息和语音信息，就难以直接进行数据的合并。此时，需要对数据进行预处理后，将不同形态的数据处理为同样形态的数据后再进行合并。对于文本信息，就直接取文本内容；对于图像信息，需要提取图像中的文字，得到文本内容；对于语音信息，需要将语音转化为文字，得到文本内容。最后将图像信息和语音信息转化得到的文本信息，和原有文本信息进行文本合并，不同形态数据的数据层融合如图 9.8 所示。

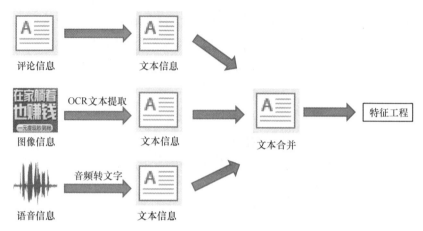

图 9.8　不同形态数据的数据层融合

9.2.2　特征层融合

对于相同形态的多模态信息或者通过数据预处理可以变为相同形态的多模态信息，在数据层中就可以完成模态信息融合，但是对于数据形态难以统一或者数据表达的信息没有关联时，此时仅仅通过数据层的融合难以取得较好的效果。但通过特征工程对不同模态的信息进行处理后，就可以将原始信息映射到特征空间，然后将不同模态的特征向量进行拼接。

因为复杂网络关系信息、文本信息和图像信息都是非结构化数据，模型是无法识别的，所以需要通过特征工程将这些非结构化数据转化为模型可以识别的特征数据，不同模态信息转换为特征数据的方案如表 9.1 所示。

表 9.1　不同模态信息转换为特征数据的方案

模态信息	特征构建方案	特征含义
复杂网络关系信息	学习节点的 Embedding 向量	表征节点在复杂网络中的结构信息
文本信息	通过时序学习文本的句向量	表征文本词汇的时序信息
图像信息	通过卷积神经网络构建特征	表征图片的纹理信息

将上述的复杂网络关系信息、文本信息和图像信息在特征层进行融合，常见的方案是将各模态的特征向量进行前后拼接。特征向量拼接的常见方案有两种：一种是先拼接，再通过主成分分析压缩得到融合特征；另外一种是先将特征升维到同长度的向量，然后拼接或进行聚合处理（如均值、相加、最大值）等。

1. 先拼接后压缩

对于特征 F_1 和 F_2，F_1 的特征长度为 m，F_2 的特征长度为 n，通过特征拼接的方式得到 F_{concat}，F_{concat} 的特征长度为 $m+n$。因为不同模态的特征之间存在冗余信息，所以在完成特征拼接后，还需要采用特征压缩的方式剔除冗余信息。通过特征向量前后拼接进行特征融合的示例如图 9.9 所示，在特征向量拼接后采用主成分分析（principal component analysis，PCA）进行特征压缩，最后得到特征的融合结果 $\boldsymbol{F}_{\text{fusion}}$。

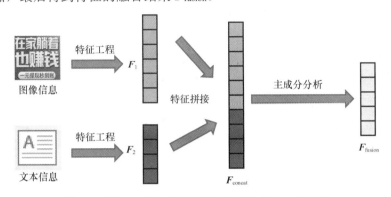

图 9.9　通过特征向量前后拼接进行特征融合的示例

2. 先升维后聚合

模态特征先升维再融合的过程如图 9.10 所示，首先将图像信息经过特征工程处理为 $\boldsymbol{F}_1$，将文本信息经过特征工程处理为 $\boldsymbol{F}_2$，此时 $\boldsymbol{F}_1$ 和 $\boldsymbol{F}_2$ 的维度可能不一致。然后分别将 $\boldsymbol{F}_1$ 和 $\boldsymbol{F}_2$ 进行特征升维，生成特征 $\boldsymbol{F}_1'$ 和 $\boldsymbol{F}_2'$，此时 $\boldsymbol{F}_1'$ 和 $\boldsymbol{F}_2'$ 是在同一特征空间的，最后将特征 $\boldsymbol{F}_1'$ 和 $\boldsymbol{F}_2'$ 相加得到融合结果 $\boldsymbol{F}_{\text{fusion}}$。除了相加操作，常见的操作还有求均值、取最大值或者直接拼接等。

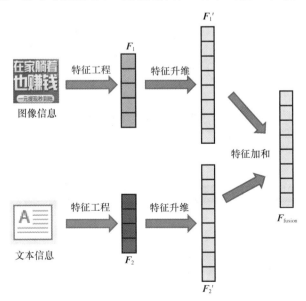

图 9.10　模态特征先升维再融合的过程

9.2.3 决策层融合

上述提到的数据层融合和特征层融合，都是在建模前将不同模态的数据进行融合，这样做的优势是不同模态的数据融合后生成统一的特征，简化了后续的建模工作。

然而在实践应用中，当各个模态数据比较复杂时，往往在数据融合之后，特征的维度就比较高，此时通过一个模型拟合数据可能会造成模型欠拟合。可以尝试先将各个模态的数据分别构建不同的模型，得到不同模态的模型分，再融合这些模型分来判别流量是否是黑灰产的欺诈流量。这种多个模态信息融合的方式就是决策层融合。

通过决策层融合多模态信息的整个流程主要包含两步：第一步是通过各个模态的信息构建模型分，不同模型分代表的是从不同的维度去描述流量的疑似欺诈程度；第二步是收集各个模态信息得到的模型分，综合地进行判定。根据第二步综合判定的方式，又将基于决策层的融合分为以下两个分类。

1. 模态信息的种类比较少

当模态信息的种类比较少时，通过第一步构建各模态信息的模型数量也比较少，此时通过各模态信息的模型分投票就可以判定最终的结果。基于各模态模型分投票的决策层融合如图 9.11 所示，评论文本信息通过特征工程得到特征 F_1，然后训练出对应的文本模型，模型对流量预测之后得到模型分 S_1；图像信息通过特征工程得到特征 F_2，然后训练出对应的图像模型，模型对流量预测之后得到模型分 S_2；语音信息通过特征工程得到特征 F_3，然后训练出对应的语音模型，模型对流量预测之后得到模型分 S_3；结合 S_1、S_2 以及 S_3 的投票结果得到最后的模型判定结果 S。投票的方式一般为软投票和硬投票。当单个模态的模型分恶意程度非常高时，不需要融合，也可以直接判定。

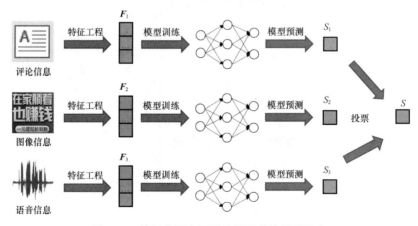

图 9.11　基于各模态模型分投票的决策层融合

- 硬投票：S_1、S_2 和 S_3 是 3 个模型预测该流量为欺诈流量的概率，首先将 S_1、S_2 和 S_3 的结果转化为 0 或者 1，其中 1 代表判定结果是欺诈流量，0 代表判定结果为正常流量，然后通过 3 个判定结果进行投票，最终取多数的投票结果。

- 软投票：将 S_1、S_2 和 S_3 直接求平均或者加权求平均，S 取求平均之后的值，作为最终预测为欺诈流量的概率。

2. 模态信息的种类比较多

当模态信息的种类比较多时，通过第一步构建各模态信息的模型数量就比较多，此时就可以考虑借助集成学习方法堆叠的思路，将这些模型分作为特征继续构建一个次级模型，最终将次级模型预测的结果作为最终判定该流量为恶意流量的概率。基于堆叠思想的决策层融合如图 9.12 所示。

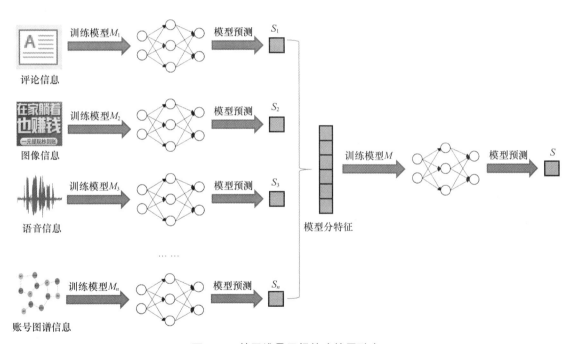

图 9.12　基于堆叠思想的决策层融合

首先通过评论文本信息构建特征，训练模型 M_1，预测流量为欺诈流量的概率为 S_1，同理依次从不同模态的信息中训练不同的模型，最终训练出 n 个模型，并得到 n 个模型分（$M_1 \sim M_n$）。然后将 n 个模型分作为特征，再次训练一个模型 M，最后通过模型 M 预测流量得到的模型分 S，作为该流量属于欺诈流量的概率。

在进行基于堆叠思想的决策层融合时，需要注意训练模型 M_1 到模型 M_n 的样本可以是一样的，但是训练模型 M 的样本必须与之前训练模型 M_1 到模型 M_n 的样本是不一样的，否则标签泄露容易导致模型 M 的训练失效。

决策层融合往往需要维护多个模型，当单个模态的特征维度非常丰富时，决策层的融合会充分挖掘各个模态的数据信息，从而再次提高对欺诈流量的检测召回率。

9.2.4　混合融合方案

在流量欺诈检测实战中，多模态的混合方案核心取决于业务场景、业务数据来源、业务打击标准和评估指标等。通常来说，通用的混合融合方案主要考虑以下 4 点。

- 针对同形态数据：例如不同来源的文本信息，包括用户发布的评论信息、用户发布的话题内容和用户的个人简介等，这些信息的形态一致，均属于文本信息。将这些信息组合在一起也更有利于判定这个用户是否是黑灰产控制的账户。因此，优先将这些信息在数据底层进行融合，然后统一进行特征工程，生成文本信息类的特征用于后续的建模。

- 针对不同形态数据：因为文本信息和账号复杂网络关系信息的形态基本不一致，所以通常不在数据层进行融合。针对不同形态的数据，可以生成各自模态的特征，然后在特征层完成融合。

- 针对特征维度不高的情况：通过在特征层的融合就可以将不同模态的特征融合在一起，后续通过统一的建模就可以构建欺诈流量检测模型。

- 针对特征维度比较高的情况：此时也可以在特征层融合后再后续统一建模，但是单模态特征维度比较高，在特征层融合后建模，在实战中难以充分挖掘数据价值，通常建议在决策层融合，即构建单模态子模型来充分挖掘单模态的行为，再统一集成建模。当然在高维特征下，特征层融合和决策层融合这两种方式可以并行进行，这是因为这两种方式的本意都是充分挖掘数据的价值，可以提升对欺诈流量的召回率。

在实际应用中，不限于以上 4 点考虑。在流量反欺诈实战中，应用的混合方案往往不是从技术理论上推演的，需结合数据的来源、形态和异常特点等业务问题进行思考，综合选择更低成本和高效的方案，从而实现检测欺诈行为的目标。

9.3 小结

本章基于平台中常见的用户数据来源和形态，引入了多模态对抗方案来提升识别欺诈流量的召回率。首先介绍了常见的多模态数据来源；其次从数据收集、特征工程和模型训练的处理流程，分别介绍了多模态融合的不同方式；最后从实际对抗经验的角度，介绍数据层融合、特征层融合、决策层融合和混合融合方案。

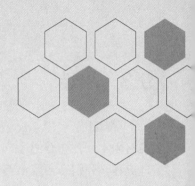

第 10 章
新型对抗方案

前面章节系统介绍了如何搭建流量反欺诈对抗体系的实战方法论，讲解了设备指纹技术、人机验证、规则引擎、机器学习对抗方案、复杂网络对抗方案和多模态集成对抗方案。除此之外，还可以从以下两个维度来提升对抗效果或效率。

- 充分发挥第三方数据的能力：目前主流方案是直接使用第三方 SAAS 模型分，一方面可以用来构建规则，另一方面可以作为特征融入业务模型中。虽然这两种方式均可在一定程度上提升对抗效果，但信息融合不够充分，效果提升有限。在数据合规授权的前提下，引入新型的联邦学习方案，增强跨平台的数据融合，提升跨平台联防联控的效果。

- 提升复杂模型的计算效率：在黑灰产对抗的演进过程中，为了充分挖掘数据的价值，提升对欺诈流量的覆盖，往往实战中的模型也会越来越复杂，导致模型预测效率降低，需要的资源成本较高。此时可以通过知识蒸馏的方案将复杂模型迁移到简单的模型上，在保证效果不大幅降低的前提下，预测效率大幅提高，既拥有简单模型预测效率的同时，又能拥有复杂模型的近似效果。

接下来，基于两种新型对抗方案来解决流量欺诈场景的问题，进一步提升对抗效果和效率。

| 10.1 联邦学习

联邦学习是 2016 年 Google 提出的用于帮助安卓手机终端用户更新本地模型的新型方案，可以在不侵犯用户隐私的前提下对本地模型的参数进行更新。在欺诈流量检测场景中，为了更早地识别可疑流量，当自身业务数据特征不明显时，需要借助第三方的数据，而联邦学习可以充分利用业务数据和第三方数据进行融合建模。联邦学习方案的过程如图 10.1 所示，企业 A、企业 B 和企业 C 的隐私数据不可以直接交互，但可以通过加密训练的方式训练出联合模型。在保证数据不泄露的前提下，多方数据进行了充分的融合，从而进一步提升对欺诈流量的识别能力。

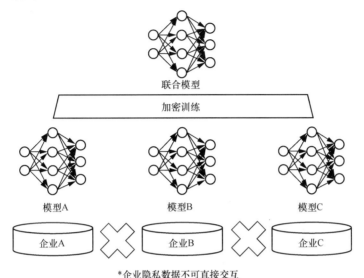

图 10.1　联邦学习方案的过程

10.1.1　联邦学习框架

从样本和特征的角度，联邦学习可以分为横向联邦学习、纵向联邦学习和联邦迁移学习。横向联邦学习适用于各方数据的特征基本一致但样本区别较大的场景；纵向联邦学习适用于各方数据样本基本一致但特征差异较大的场景；联邦迁移学习适用于特征和样本交集都不多的场景。

1. 横向联邦学习

横向联邦学习又被称为基于样本进行划分的联邦学习，要求各方数据特征相同，样本可以不同。横向联邦学习的原理如图 10.2 所示，横向联邦学习主要采用主从式的训练框架，框架包含一个聚合服务器和多个参与方服务器。在训练模型参数时，参与方服务器负责各方数据的模型训练，聚合服务器负责收集和下发训练的梯度。其核心步骤主要包含如下 4 步。

（1）参与方基于各方自有的数据训练模型，然后对训练得到的梯度信息进行加密，并将加密梯度信息传输到聚合服务器。

（2）聚合服务器将各个参与方传输的加密梯度进行聚合，然后生成聚合加密梯度。

（3）聚合服务器将生成的聚合加密梯度传输到各个参与方，此时各个参与方得到的聚合加密梯度均相同。

（4）参与方对聚合加密梯度进行解密并更新本地模型，然后进行下一轮的训练迭代，直到完成模型训练。

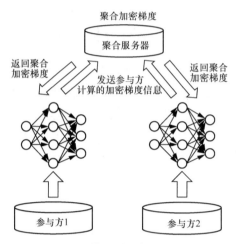

图 10.2　横向联邦学习的原理

2. 纵向联邦学习

纵向联邦学习又被称为基于特征进行划分的联邦学习，要求各方数据样本比较一致，特征可以不一样。纵向联邦学习的原理如图 10.3 所示，纵向联邦学习包含两部分，第一部分是各方个体加密对齐，在不泄露各方共同个体的前提下将个体对齐并筛选出共同样本；第二部分是基于共同样本训练对应的模型。

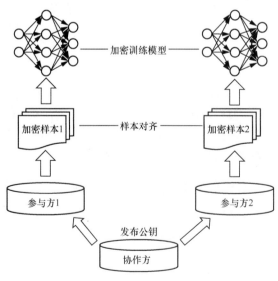

图 10.3　纵向联邦学习的原理

3．联邦迁移学习

联邦迁移学习适用于各方数据在样本和特征上都没有交集的情况，此时各参与方的数据无论是横向联邦学习还是纵向联邦学习都没有办法筛选出共同样本。如果各参与方的数据形态是相似的，那么可以通过迁移学习的思路来解决样本和样本标签不足的难题。

10.1.2　异常流量的检测效果

在异常流量检测场景中，黑灰产作恶使用的设备、账号等资源都是复用的，这些资源往往会在多个平台应用上作恶。所以在样本上多个平台方都可能存在交集，但是在特征维度上不同平台的场景不一致，用户画像会有差异。在异常流量检测场景中，需要进行的是特征维度的信息补充，所以可以使用纵向联邦学习来融合其他来源的数据，进而提升异常流量检测的效果。

以 FATE 框架的纵向联邦学习方案为例，验证融合第三方 SAAS 分和自有特征构建异常流量检测模型，以及使用纵向联邦学习融合第三方特征和自有特征构建模型的效果。联邦学习构建模型方案和引入 SAAS 分构建模型方案的对比如图 10.4 所示，相较于使用自有数据和第三方 SAAS 分融合后的效果，使用自有数据和第三方数据融合后的效果，会在测试集的AUC 指标上有 5%以上的提升。

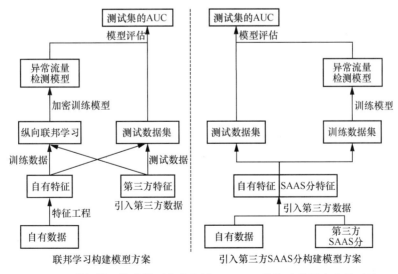

图 10.4　联邦学习构建模型方案和引入 SAAS 分构建模型方案的对比

10.2 知识蒸馏

知识蒸馏是 Hinton 在其 2015 年发表的论文中提出来的，知识蒸馏是基于教师—学生模型思想进行训练的。知识蒸馏的原理如图 10.5 所示，首先训练复杂的模型作为教师模型，再训练一个简单的模型拟合教师模型的结果作为学生模型，最后使用模型复杂度低的学生模型作为最终模型上线使用，从而达到降低计算资源消耗、容易进行模型上线的目的。

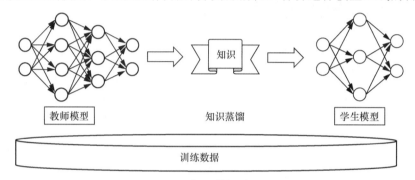

图 10.5　知识蒸馏的原理

知识蒸馏可以将流量对抗中的复杂模型简化为简单模型，从而上线到实时系统中进行预测，在保证效果基本不变的前提下，知识蒸馏可以实现高性能的输出。接下来重点介绍知识蒸馏框架。

10.2.1　知识蒸馏框架

基于教师—学生模型思路的知识蒸馏框架主要包含 3 个模块，前两个模块是训练模型，分别为老师模型和学生模型，最后一个模块是预测模型，与训练好的学生模型保持一致。基于教师—学生模型思路的知识蒸馏框架如图 10.6 所示。

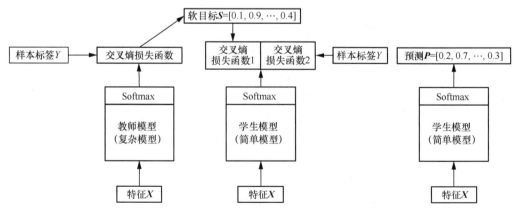

图 10.6　基于教师—学生模型思路的知识蒸馏框架

框架中的第一个模型是基于复杂模型构建的教师模型，模型的训练目标为样本标签 Y，样本标签使用"0"标识正常流量，"1"标识异常流量。然后构建基于样本标签的交叉熵损失函数，通过优化交叉熵损失函数，训练出最佳的模型参数，然后对提前划分好的预测样本进行预测，通过 Softmax 函数得到样本属于每个类标的概率，即得到软目标 S，软目标 S 由 0 到 1 之间的连续概率值组成。

框架中的第二个模型是基于简单模型构建的学生模型，其中交叉熵损失函数 1 是基于教师模型预测得到的软目标 S，交叉熵损失函数 2 基于样本标签 Y。然后通过将交叉熵损失函数 1 和交叉熵损失函数 2 加权求和构建新的损失函数 L，通过优化这个组合的损失函数，训练出最佳的模型参数。损失函数 L 的计算方式如下所示，其中 a 是基于软目标的损失函数的加权系数，a 的取值越大说明基于软目标的损失函数在整体损失函数中的比重越大，模型训练时也会更加偏重优化基于软目标的损失函数。因此，知识蒸馏的核心是通过构建全新的损失函数来优化简单的学生模型，让其具备教师模型的预测效果，又保持了学生模型的简单性。

$$L = a \times L^{(\text{软目标})} + (1 - a) \times L^{(\text{样本标签})}$$

教师模型指导学生模型的核心是带来了新的软目标 S。实际业务是通过用户行为来刻画黑灰产流量，但黑灰产的行为也有等级之分，例如在设备上登录 2 个账号或 5 个账号，对黑灰产程度的刻画就会不一致，所以通过软目标 S 的概率值来刻画目标样本的恶意属性会更加精准。对黑灰产刻画更精准的软目标 S 和同样一批样本的原始标签 Y（0 和 1 的离线值）来共同优化新的损失函数，可以得到很好效果的学生模型。

第三个模块是将训练好的学生模型上线到生产环境中，用于离线系统或者线上实时系统的预测。因为学生模型一般会选择复杂度比较低的简单模型，所以预测性能会非常高，一般都满足线上实时系统性能的要求。

教师模型和学生模型的区别如表 10.1 所示。

表 10.1　教师模型和学生模型的区别

模型名称	教师模型	学生模型
模型结构	模型大、模型更加复杂	模型小、模型更加简单
模型参数量	多	少
损失函数构成	基于样本标签	基于样本标签和软目标
模型响应	慢	快
上线对系统的性能要求	高	低

10.2.2　异常流量检测的步骤

知识蒸馏在异常流量检测场景中的落地方案可分为 5 步，基于知识蒸馏的异常流量检测流程如图 10.7 所示。

图 10.7　基于知识蒸馏的异常流量检测流程

（1）训练教师模型

基于采集的画像数据和样本标签构建教师模型。前文在构建异常流量复杂模型时，提到了基于堆叠的异常流量检测模型，该模型的复杂度比较高，需要构建 M 个 XGBoost 初级判别模型和 1 个 XGBoost 次级判别模型，即同时需要 $M+1$ 个模型进行判别。

（2）生成软目标

使用训练好的基于堆叠的异常流量检测模型，对另外一份样本进行判别，得到每个样本属于异常流量的预测概率值，然后将预测概率值作为软目标。

（3）训练学生模型

结合样本自身标签和新预测的软目标，生成融合的损失函数，并基于融合的损失函数训练学生模型。这里仅使用单个 XGBoost 判别模型作为学生模型。

（4）上线学生模型

将训练好的单个 XGBoost 判别模型进行上线。单个 XGBoost 判别模型的上线和维护成本要比复杂模型低很多，判别效率要更高。

（5）拦截异常流量

通过单个 XGBoost 判别模型在线上实时识别异常流量，并对异常流量进行拦截。

10.2.3　异常流量检测的效果

异常流量检测的效果评估主要包含两个方面，一是在测试集上的识别效果，通过 AUC 指标来衡量；二是流量的判别效率，在同样的硬件性能下对比流量每分钟判别的个数。

分别通过 XGBoost 直接构建异常流量检测模型、基于堆叠构建异常流量检测模型和基于知识蒸馏构建的模型，其中基于知识蒸馏构建的学生模型的 AUC 基本上接近基于堆叠构建的复杂模型，并且性能上也与单个 XGBoost 判别模型相似。

10.3 小结

本章针对流量欺诈场景中的两个典型难题，一是如何充分发挥第三方数据的效果，二是如何提高复杂模型的运营效率问题，提出了近些年成熟的新型对抗解决方案，即联邦学习和知识蒸馏。本章还简要介绍了联邦学习框架在某流量欺诈场景中的验证效果对比，以及知识蒸馏框架在某流量欺诈场景中的验证效果对比。

第 5 部分　运营体系与知识情报

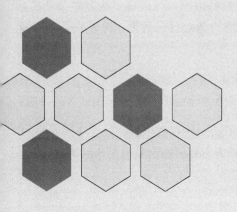

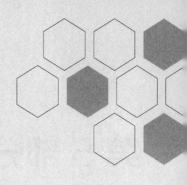

第 11 章
运营体系

前面的章节系统地介绍了流量安全的基础、流量风险的洞察、流量数据治理和流量反欺诈技术的演进。至此，我们可以解决实际场景中遇到的安全问题，但是为了保障对抗系统的健康和稳定运行，需要构建完善的运营体系来支撑系统的运营。反欺诈运营体系的框架和原理在本系列图书《大数据安全治理与防范——反欺诈体系建设》的第 9 章中有详细描述，而本章主要聚焦流量场景下的运营体系的构建。

在欺诈流量识别场景中，运营体系的 4 个核心模块如图 11.1 所示，运营体系主要分为稳定性运营、防误报处理、用户反馈处理和告警处理。

图 11.1　运营体系的 4 个核心模块

- 稳定性运营：在服务层监控流量变化和流量的拦截情况，当流量量级发生突变时，及时对问题进行溯源并向责任人告警。对数据层的基础日志数据、特征和模型分做全方位的稳定性监控，保证数据的稳定。

- 防误报处理：针对模型构建保护机制，在模型输出前做一层保护，避免模型误伤高质量用户，并及时对误判较多的模型做紧急处理，避免对业务方的流量产生较大的影响。

- 用户反馈处理：用户反馈是迭代和提升模型的重要手段，用户反馈处理主要是针对用户的举报和申诉进行处理。其中，举报是用户认为有问题但是模型未判黑的情况，申诉是用户认为没问题但是模型却判黑的情况。在一般情况下，模型覆盖率低容易引发用户举报，模型精确率低容易引发用户申诉。

● 告警处理：对于上述稳定性监控、防误报处理和用户反馈处理，当发现异常时需要对事故进行分级，然后根据事故严重程度进行不同级别的告警，并对事故的处理进行跟踪。一旦事故在预设时间内没有得到有效处理，就对事故进行升级，直到事故被完全处理后结束。

通常来说，运营体系会有一套完善的异常情况处理流程。异常情况处理流程首先要针对需要监控的业务，抽象出业务指标；然后定时监控业务指标，并能在业务指标出现问题的第一时间进行告警；最后对告警及时溯源并提醒负责人，直至问题被解决且业务指标恢复正常，告警才可以结束。运营体系对异常处理的过程如图 11.2 所示，运营系统会将业务关注点抽象为指标进行日常监控，并对指标进行异常捕捉、异常溯源、向责任人告警、告警追踪，直至问题得到解决，指标恢复正常。

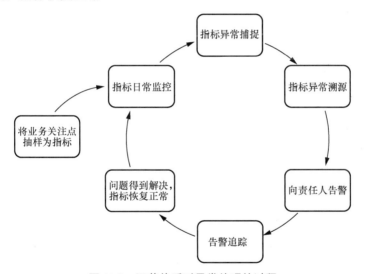

图 11.2　运营体系对异常处理的过程

接下来，重点介绍运营体系的 4 个核心模块的构建方法论，并通过实际的案例讲解常见的核心运营指标。在实际业务场景中，可以结合具体的问题，举一反三列出更多的监控指标。

11.1　稳定性运营

稳定性是业务团队使用模型服务的最低要求，如果模型服务不稳定，那么即便模型效果非常好，业务团队也很难放心地长期使用。稳定性监控一般包含两方面：一是服务稳定性的监控，主要监控业务流量的变化趋势，确保模型稳定且有效地预测流量；二是数据稳定性的监控，这里的数据是指模型判别用到的数据和模型分，主要监控基础数据、特征和模型打分的变化趋势，确保模型本身的有效性。

接下来，以某营销推广欺诈流量检测服务为例，来介绍如何构建稳定性运营指标。

该营销推广欺诈流量检测服务的使用场景是某 App 产品的营销推广活动。首先活动会吸引新用户下载 App，注册并登录账号，然后在 App 内签到、发布话题以及参与讨论获取金币，最后在 App 商城内使用金币兑换实体奖品或者话费等虚拟奖品。然而这种活动也是黑灰产团伙最为关注的，黑灰产团伙通过批量注册并营造虚假活跃账号，最后获取大量金币并将兑换的奖品套现后离场，最终使活动主办方蒙受损失。针对此过程，欺诈流量检测服务可以有效识别黑灰产的欺诈虚假流量，并且针对欺诈流量进行拦截。欺诈流量检测服务包含针对"账号注册"的虚假注册检测子服务、针对"登录"的虚假登录检测子服务、针对"签到、评论、点赞"的刷量检测子服务以及针对"领取金币，兑换奖品"的"羊毛党"检测服务。

为了保障欺诈流量检测服务的稳定和有效的运行，需要构建配套的运营体系来保障稳定性运营。稳定性运营从服务稳定性和数据稳定性两个角度对欺诈流量检测服务进行监控，一旦监控出现异常情况，便能快速锁定故障点，并向相关负责人告警，监督相关负责人修复故障直至监控指标恢复正常。稳定性运营、欺诈服务检测服务和营销推广活动的关系如图 11.3 所示，稳定性运营体系保障欺诈流量监测服务的正常运行，欺诈流量监测服务保障营销推广活动的正常开展。接下来，详细介绍稳定性运营的服务稳定性和数据稳定性指标。

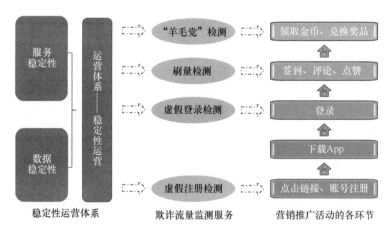

图 11.3　稳定性运营、欺诈服务检测服务和营销推广活动的关系

11.1.1　服务稳定性

服务稳定性作为稳定性运营的重要环节，主要监控欺诈检测服务中的各个子服务是否正常工作。首先，需要对流量有整体感知，了解流量变化趋势和各个环节的实际拦截情况。其次，监测服务器是否提供稳定的服务，需要监测返回流量结果的时延情况。最后，能让服务器稳定提供服务的基础是硬件环境稳定，需要对硬件环境进行监测。下面从流量变化趋势监测、服务时延监测和硬件环境监测的 3 个维度来阐述如何保障服务稳定性。

1．流量变化趋势监测

针对营销推广活动的各个环节，分时段统计业务方流量的大小，然后进行同比与环比的比较，当流量发生较大变化时，需要及时向相关负责人告警。

首先统计业务方流量，需要从输入和输出流量两个维度进行统计，再具体拆分到各个环节。针对营销推广活动，细分到账号注册流量、登录流量、话题发布和评论流量以及奖品兑换流量，分时段地统计业务输入流量和服务输出流量。从业务的监控粗细粒度来看，时间窗口可以设置为 5 分钟、10 分钟、30 分钟、1 小时、4 小时和 1 天等不同时间粒度。流量监测的子服务项目、流量分类和时间窗口的说明如图 11.4 所示。

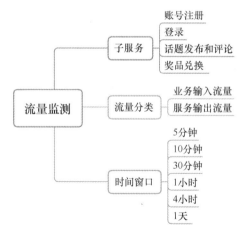

图 11.4　流量监测的子服务项目、流量分类和时间窗口的说明

其次针对营销推广活动的各个环节，需要监测流量的拦截率并通过报表呈现给模型负责人和业务方，从而实时感知和呈现流量被拦截的情况，当拦截率突变时，能向相关负责人告警。例如在用户注册新账号场景中，监控注册流量的拦截率。某天 0 点到 24 点对注册流量

的拦截率如图 11.5 所示，在凌晨 4 点左右时拦截率超过了 0.1%，与整体时间段的拦截率相比有明显的升高，于是触发了告警，后续在事后复盘中发现凌晨 4 点确实有黑灰产团伙批量注册新用户，所以才出现了拦截率突变的情况。

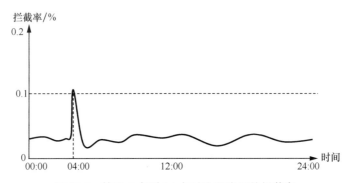

图 11.5　某天 0 点到 24 点对注册流量的拦截率

2. 服务时延监测

服务的处理时延情况是服务是否稳定的重要指标，服务的时延会对业务请求和前端返回产生比较大的影响。例如用户在前端页面进行了人机验证操作，后端服务需要很快给出前端操作用户是否是真人操作的结果，一旦人机识别的服务延迟大，就会对用户体验产生非常大的影响。因此，需要监测欺诈流量检测服务对营销推广活动各个环节的流量处理的时延情况。

不同的服务对时延情况有不同的要求，时效性要求高的服务对服务时延的要求更加严格，因此在营销推广活动的欺诈流量识别中，不同场景的时延要求也不一样。在广告反作弊场景中，识别虚假点击行为对时延要求比较高，一般要求最大时延为 20 ms。在"羊毛党"识别场景中，识别团伙恶意套现平台福利行为对时延要求相对比较低，一般要求最大时延为 200 ms。欺诈流量识别的各个场景对时延的要求如图 11.6 所示。

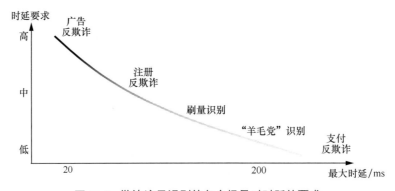

图 11.6　欺诈流量识别的各个场景对时延的要求

针对时延要求高的服务，为了使服务时延达到要求，一般会通过提升数据库查询性能、做缓存，或者提高服务器硬件的性能和网络带宽配置等来提高数据查询和传输的速度。

3．硬件环境监测

硬件环境的稳定是服务稳定的根本，当硬件出现故障时，服务需具备告警和自动迁移的能力。硬件环境监测主要包括 5 个方面，分别是 CPU/GPU 占用、内存占用、网络通信状态、端口占用和磁盘读写率，一旦这些部分出现问题，服务器就会有宕机的风险。监测服务器的硬件环境性能可以通过 API 接口或者 Web 页面直接调用监测数据，然后对这些监测数据生成指标并在监控运营模块呈现，服务器硬件环境监测运营如图 11.7 所示。

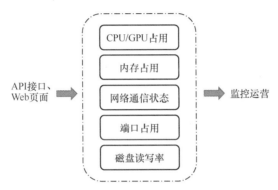

图 11.7　服务器硬件环境监测运营

硬件环境指标的异常会直接造成服务出现整体的异常，例如当 CPU 的占用过高时，可能反映出 CPU 处于高负载的状态，服务器请求就会有大面积延迟的风险，甚至宕机的可能。所以当硬件环境指标出现异常时，就会触发告警到运维平台，交由运维平台处理。运维平台也会根据流量趋势变化指标进行初步判定，如果发现流量增长迅速，会自动化进行扩容，如果发现流量比较平稳，会初步判定服务器故障，并自动化启用备用服务节点，然后继续监控硬件环境指标变化情况。如果通过这一系列的自动化操作都无法解决问题，运维平台就会将告警升级，让运维人员进行人工分析并处理，直至硬件环境指标恢复正常，才结束告警流程并恢复正常监控。

11.1.2　数据稳定性

服务稳定性的监测主要聚焦于流量欺诈服务是否可以稳定地对流量进行预测。但是预测的结果是否稳定就需要从数据稳定性维度来分析，此处的数据指的是数据建模全流程中用到的所有数据，即从埋点采集生成日志数据，到数据治理生成高质量数据，再到特征工程生成特征数据，最后是训练好的模型对流量数据打分生成的模型分，以及最终使用模型分数据去做欺诈流量检测，数据处理的全流程如图 11.8 所示。

图 11.8 数据处理的全流程

监控日志数据、高质量数据、特征数据以及模型分数据的稳定性，主要从两方面入手，一是数据量的稳定性，二是数据分布的稳定性。对数据来说，无论是数据量发生突变还是数据分布发生变化，都有可能导致服务预测结果出现较大的波动。

- 数据量的稳定性：监控数据量的稳定性，需要按照不同的时间窗口，分别监控日志数据的量级、数据治理后高质量数据的量级、特征工程处理后特征数据的量级以及模型打分数据的量级。然后计算数据量级的同比和环比的变化，一旦同比或者环比发生变化，就会触发向数据负责人告警。从日志数据的埋点采集到模型打分用于欺诈流量检测服务，数据流转是串行处理的，例如日志数据清洗过异常数据后，才会得到高质量数据用于后续的特征工程，所以数据量级变化会随着数据的处理逐步变小，每个环节数据会有折损率，折损率为本环节处理后的数据量占上一环节的数据量的百分比。因此，监控数据量级的变化外也同时需要监控每个环节的数据处理折损率，折损率过高需要触发告警到数据负责人。

- 数据分布的稳定性：监控数据分布的稳定性，需要先将数据进行分桶，然后统计不同分桶数据量占比，最后评估各分桶的占比在前后两个不同的周期的分布变化。评估和监控分布变化使用的是计算群体稳定性指标（population stability index，PSI），PSI 值越小代表前后两个周期的分布差异越小，数据分布越稳定。一般情况下，PSI 值小于 0.1 的分数分布都是稳定的。当 PSI 值大于 0.25 时，就认为数据分布产生了一定的变化，需要数据负责人验证数据处理是否出现问题。当 PSI 值介于 0.1 和 0.25 时，此时需要结合业务本身的情况决定。在营销推广反欺诈场景中，虚假注册检测服务会受阶段性黑灰产团伙注册的影响，所以相关的日志数据和最后的模型分数据会相对变化较大一些，例如 PSI 值介于 0.1 和 0.25 也会认定为相对稳定。但是因为支付反欺诈对数据稳定性有更高标准的需求，所以 PSI 值介于 0.1 和 0.25 会被认定属于数据不稳定。

当数据稳定性出现问题并进行问题溯源时，一般需要根据流量数据在数据处理的流程逆向查找问题。例如当模型分的数据量降低时，需要查验前一步特征数据的数据量是否正常，如果发现特征数据的数据量正常，那么问题就出现在模型的预测打分环节中，否则继续向前溯源，直到找到问题所在，然后有针对性地对问题进行修复。

11.2 防误报处理

在营销推广反欺诈场景中，模型检测的准确率至关重要，准确率不达标就会误伤到正常流量，影响正常用户的使用体验。因此需要构建避免模型误报的防线，在欺诈流量识别模型的构建和正式上线的过程中，模型防误报的 3 道防线如图 11.9 所示。

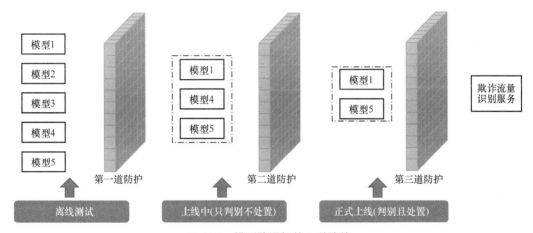

图 11.9　模型防误报的 3 道防线

- 第一道防线是离线验证阶段：在模型上线之前，先进行效果的离线验证，即验证模型离线判黑的流量和疑似白名单的交集情况，例如交集占比判黑流量的比率小于 0.1%，就可以判定模型效果达标。模型效果达标后再进行模型上线。从图 11.9 可以看出，模型 2 和模型 3 因为在离线测试中效果不达标，被反馈给模型负责人进行相应的调整。

- 第二道防线是线上静默观察：通过第一道防线后，会上线模型并实时对线上流量进行判别但不处罚，即此时模型只进行判定但不会根据判别结果有后续的拦截等处置操作。然后根据流量实时监测的结果验证效果，即验证模型线上判黑的流量对疑似白名单的命中情况，例如当命中比率大于 0.1%时，可以判定模型效果不达标。然后暂时将效果不达标的模型下线，然后离线重新分析。如果效果达标后，会将模型用于正式线上处罚，从图 11.9 中可以看出，模型 4 因为线上测试效果不达标被暂时下线重新训练。

- 第三道防线是线上疑似白名单保护：模型在正式上线之后，就会对线上流量进行判别并会根据判别结果进行处理。虽然模型通过了线上效果验证环节，但是模型会因为产品的升级导致用户行为有较大变化等原因，从而导致模型准确率下降。因此在线上也需要筑起模型准确率保障的第三道防线，将模型误判的影响降低到最低。在线上正式运行时，如果模型 1 和模型 5 将流量判别为欺诈流量，但这个欺诈流量属于第三道防线的疑似白名单，就先不会对此流量进行处置，同时触发对这个欺诈流量的审核程序，通过人工进一步查验是否为欺诈流量，当模型命中较多疑似白名单时，就应该先主动静默模型，再做人工分析。

这 3 道防线可以对模型起到保护的效果，在一定程度上防止模型出现误报的情况。但是 3 道防线对模型的防误报效果取决于防线的疑似白名单的有效性，接下来针对疑似白名单的构建和自动化运营进行具体的阐述。

11.2.1　疑似白名单

反欺诈流量检测服务的目的是检测欺诈流量，降低进行营销推广的商家损失，但如果反欺诈流量检测服务误伤了高质量用户，就会降低平台的口碑，引起用户投诉等问题。因此，疑似白名单的构建对于模型防误报的 3 道防线搭建至关重要，构建疑似白名单的目的是保护业务方的高质量用户。

本文主要从 IP 地址、设备和账号 3 个维度来构建疑似白名单。IP 地址是网络协议地址；设备指的是网络中的各个终端，如手机、个人计算机和服务器等；账号指的是每个人在不同项目中能够代表自己的身份标识号，如手机号、微信号、QQ 号和其他 App 内设置的用户账号。

- IP 地址疑似白名单：将归属于知名企业、公共场所和基站等 IP 作为疑似白名单进行保护。

- 设备疑似白名单：按照设备机型划分，例如新发布的高端设备机型或者高质量的 VIP 活跃设备被黑灰产利用的风险较低。

- 账号疑似白名单：将高活跃账号、注册时间长的账号以及客户提供的 VIP 账号等高质量账号作为疑似白名单进行保护。

11.2.2 自动化运营

在构建好疑似白名单之后，就可以将白名单用户用于 3 道防线。这个过程可以采用自动化运营的方式进行，自动化运营包括 3 个模块，分别为误报流量人工审核、模型高误报下线和疑似白名单更新。

- 误报流量人工审核：用第三道防线的疑似白名单对模型线上判黑的流量进行筛选，对未在疑似白名单的流量进行拦截，对被疑似白名单命中的流量转人工审核，并以人工审核的结果为准进行处理。

- 模型高误报下线：统计线上模型经人工审核后确定为误报流量的比率，当误报比率高于设定阈值（例如 0.1%）时，将模型暂时下线并交由模型负责人对模型进行重新分析和迭代，直到精确率达标后再重新上线。

- 疑似白名单更新：根据人工审核的结果，如果流量确定为欺诈流量，就需要对疑似白名单进行相应的数据更新；或者定期离线系统分析得到的新增高质量 VIP 用户等渠道来的疑似白名单。

防误报自动化运营框架如图 11.10 所示，主要包含欺诈流量的防误报保护，监控检测模型的误判比率并及时下线误判比率高的模型，以及根据人工审核的结果对疑似白名单进行调整更新。

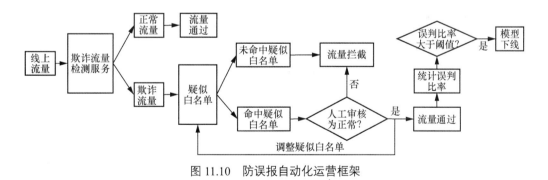

图 11.10 防误报自动化运营框架

11.3 用户反馈处理

对于欺诈模型存在的误判和漏判情况，需要关注用户的申诉和举报数据，并通过这些反馈信息进一步监控模型效果，并迭代模型。在通常情况下，当用户的申诉增多时，可以反映出线上欺诈流量检测模型的误判率有提高；当用户的举报增多时，可以反映出模型的覆盖率可能不足。接下来重点介绍针对用户申诉和用户举报的处理流程。

11.3.1　用户申诉处理

用户在参与营销推广活动时，可能会因为一些可疑行为被判为可疑的欺诈流量而遭到拦截后，无法继续参与营销活动，此时运营系统会提供申诉渠道维护正常用户的利益。申诉后台就会将申诉数据进行汇总并关联模型信息和判定有关证据，一起反馈给审核人员进行审核。当审核人员审核通过后，会根据审核结果对流量进行解除拦截或者维持判定结果。同时会将审核结果正常的流量作为误判样本，并将误判样本汇总反馈给模型负责人，由模型负责人根据误判情况对模型进行调整。

然而申诉渠道也容易被黑灰产利用，在欺诈流量被拦截后，黑灰产也会批量地、反复地进行申诉，企图将他们的账户洗白。同时，这种批量且反复的行为会对审核人员的工作产生较大压力，因此在申诉前需要先对黑灰产的恶意申诉行为进行过滤。

用户申诉的处理流程如图 11.11 所示，主要包含 3 个模块，分别是恶意申诉过滤、证据关联与人工审核、误判监控。

- 恶意申诉过滤：通过申诉人提交的数据和申诉的账号等，经过恶意申诉模型的判别，过滤掉黑灰产的恶意申诉行为，降低后续审核的数量。

- 证据关联与人工审核：关联投诉流量命中的判黑策略细节、对应的分数和一些基础的维度信息，并将这些信息作为判黑证据一同提供给审核人员，进一步提高审核的效率。

- 误判监控：将人工审核为正常的流量作为误判流量进行统计监控，当监控到模型的误判率比较大时，及时下线对应的模型。

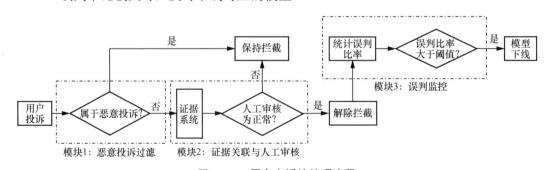

图 11.11　用户申诉的处理流程

11.3.2　用户举报处理

黑灰产的欺诈行为一方面会使平台方蒙受利益损失，另一方面也会对正常用户造成困扰，甚至使正常用户的利益受损，因此正常用户在受到欺诈后会进行针对性的举报。后台也会将举报数据汇总并反馈给审核人员进行审核，并根据审核结果对流量进行拦截或者不进行处理。同时也会将审核为异常的流量作为未覆盖样本汇总并反馈给模型负责人，由模型负责人根据未覆盖情况升级模型对其进行识别和拦截。

然而举报也会被恶意利用，黑灰产或部分用户可能通过构建虚假的举报来最大化满足自身利益。例如通过构建虚假举报来影响系统对于真实举报的处理时效。因此，在处理举报前也需要先对恶意举报进行过滤，从而减轻后续审核的压力。

用户举报的处理流程如图 11.12 所示，主要包含 3 个模块，分别是恶意举报过滤、人工审核和模型迭代。

- 恶意举报过滤：过滤恶意举报行为，降低后续审核的数量。

- 人工审核：在人工审核前，可以通过系统对一些高可疑的账号进行自动判别和拦截。让可疑程度不高的账号进入人工审核程序中，并对审核结果为欺诈流量的流量进行拦截。

- 模型迭代：把人工审核发现的漏检样本添加到漏检样本库中，并用于后续模型的迭代，提高模型检出的覆盖率。

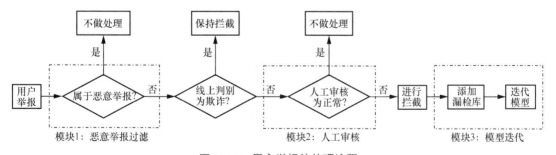

图 11.12　用户举报的处理流程

11.4　告警处理体系

11.3 节介绍了稳定性运营、防误报处理和用户反馈处理，这 3 个模块的功能都是为了尽早发现反欺诈流量检测服务的问题。而为了保障问题出现后能够被高效地处理，就需要构建一套完整的告警处理体系。告警处理体系首先需要对问题进行等级划分，然后全程跟踪问题的处理，直到问题被妥善处置。

当问题出现时，告警处理体系会对问题进行分级，然后按照不同的分级策略有不同的告警方式，也会针对不同分级的事故有不同的告警范围。事故问题越严重，告警方式越直接，范围也就越大。告警分级是为了让重要的告警能迅速得到有效处理，同时也能避免对负责人产生不必要的打扰。故障分级处理流程如图 11.13 所示，当捕捉到指标异常后，首先对事故进行分级，按照严重程度从轻到重将事故划分为 5 级到 1 级，其中 1 级事故最严重，然后根据事故分级的不同采取不同的告警方式和告警范围。告警方式从缓到急依次为平台信息提醒、短信或邮件告警和电话告警，告警范围从小到大依次为业务负责人、业务直接领导和业务间接领导。

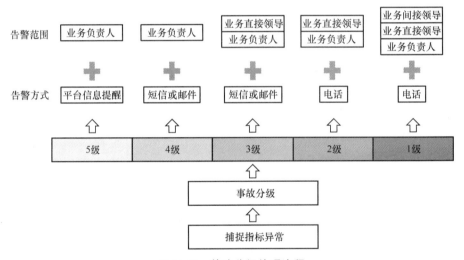

图 11.13　故障分级处理流程

同时告警处理体系会全程跟踪问题的处理进度，当问题在预设时间内没有被妥善处理就会升级告警，直到问题被彻底解决后本次告警才结束。故障跟踪和告警升级体系如图 11.14 所示，一开始为 5 级事故，然后通过短信告警至业务负责人，接下来判断是否在规定时间内将事故处理完毕，若处理完毕则判定本次告警结束，否则升级为 2 级事故，具体升级规则需要根据业务实际情况定。在升级为 2 级事故后，通过电话告警至业务员负责人和间接领导人，接下来判断是否在规定时间内将事故处理完毕，处理完毕就结束告警，否则继续升级事故并进行告警，直至事故被妥善解决。

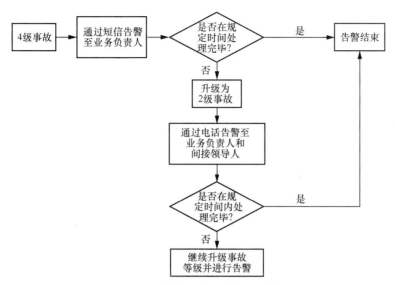

图 11.14　故障跟踪和告警升级体系

11.5　小结

本章主要介绍在流量欺诈识别场景下运营体系的构建流程。运营体系主要由稳定性运营、防误报处理、用户反馈处理和告警处理体系这 4 个组成部分组成。运营体系的构建保障整个流量反欺诈体系能够有效地运作，从而能快速且稳定地识别欺诈流量，为系统的健康运作保驾护航。

第 12 章
知识情报挖掘与应用

前面章节介绍了流量欺诈的背景，流量欺诈对抗中使用的设备指纹技术、人机验证、规则引擎、机器学习对抗方案、复杂网络对抗方案和多模态集成对抗方案等技术细节，并通过运营体系来保障对技术方案的精细化运营。但为了更早地做到欺诈的事前感知和防范，事中及时响应和事后分析总结，需建立配套的知识情报系统来反哺对抗方案和运营体系。

本章重点介绍与流量欺诈场景有关的知识情报，并通过实际的案例来讲解知识情报挖掘的过程。关于情报系统内容架构的构建，可参考本系列图书《大数据安全治理与防范——反欺诈体系建设》的第 10 章。

黑灰产情报数据的来源主要是基于第三方数据、开源数据和业务数据。对于业务数据，可以从团伙和单点的两个维度来全面建设知识情报系统。流量欺诈知识情报挖掘方案的框架如图 12.1 所示，

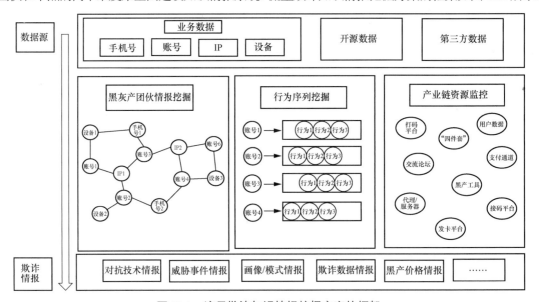

图 12.1　流量欺诈知识情报挖掘方案的框架

包含 3 个维度的情报建设：一是黑灰产构成的上游角度，即黑灰产团伙情报挖掘；二是黑灰产个体行为角度，即黑灰产流量行为的异常；三是黑灰产上游资源的挖掘和监控角度，即对黑灰产产业链资源的监控。最终输出多种类型的欺诈情报，如威胁事件情报、对抗技术情报、画像/模式情报、欺诈数据情报和黑产价格情报等。

12.1　黑灰产团伙情报挖掘

黑灰产为了在流量中追求利益的最大化，往往都是以团伙形式批量作恶，所以在多维度的隐层构成上有特定的关系，如设备多账号行为。如果从团伙角度出发，可以更早地感知到黑灰产的动向，从而提升检测模型对黑灰产的覆盖能力。在批量领取优惠券并进行倒卖变现之前，可以管控这批账号，从而使业务的损失大幅降低。

黑灰产团伙情报的挖掘分析思路通常是通过异常账号去挖掘具备聚集性的团伙，聚集性主要体现在环境的聚集性和属性的聚集性两个方面，团伙情报挖掘的聚集性模式如图 12.2 所示。

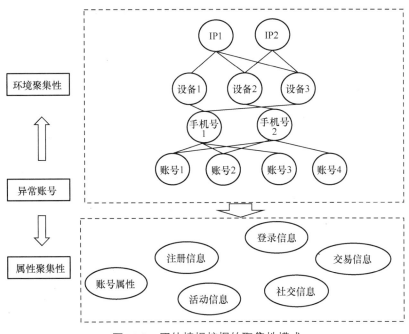

图 12.2　团伙情报挖掘的聚集性模式

此外，不同业务欺诈场景的团伙情报挖掘方式是不一样的：一是取决于可利用数据的来源，是来自于自有业务数据还是第三方数据；二是取决于大数据平台的基础建设，如图分析平台设施情况。接下来从技术的角度出发，通过两个主流的欺诈场景来阐述情报挖掘的方法。

12.1.1 "薅羊毛"情报

"薅羊毛"常见案例的背景：某电商平台为了获得大量下载电商 App 的用户流量，且刺激用户进行消费，通过开展销售某高端白酒的计划，并采用"秒杀"的营销活动策略。在活动上线后，发现促销的白酒产品瞬间被抢光，但是通过后续观察到的用户增长数据来看，计划的运营指标远没达到预期，并且外部用户反馈促销的白酒都被黄牛抢走了。

下文通过已经发生的案例来分析黑灰产的行为，沉淀业务规则、作弊手法、数据表现等规律，构建用于提前发现异常的情报方法，并指导检测系统的不断完善。对于不同业务场景和数据，异常监控方法和步骤会有细微不同，不过都大致包含以下步骤。

1. 挖掘当前活动的异常信息

筛选出准点成功参与秒杀的账号，统计账号参与秒杀的多个时间点。基于点击商品时刻、填写验证码时刻、订单填写时刻和支付时刻等具有极小时间差的规则，来圈定一批可疑的异常账号，如图 12.3 所示。

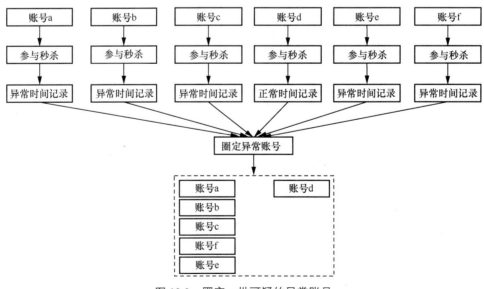

图 12.3　圈定一批可疑的异常账号

2. 扩散更多的可疑信息

查询上述疑似异常账号的登录 IP 记录，发现账号聚集在固定几个 IP 下，且该 IP 同时登录了其他可疑账号。并且该账号发起请求的设备参数也有聚集现象，注册账号使用的手机号地域分散，但是订单填写地址却聚集在几个相同地域。通过这些维度异常，可以再次扩散出更多的可疑账号、设备、IP、手机号和地址等。设备、手机号、账号、IP 和地址的扩散过程如图 12.4 所示。

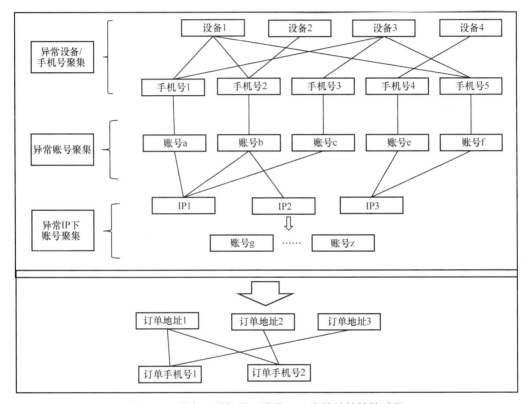

图 12.4　设备、手机号、账号、IP 和地址的扩散过程

3. 追溯历史数据进行举证和扩散

针对第二步扩散得到的更多可疑账号，进一步分析这些账号从注册到使用各环节的行为，发现这些行为均具有高度相似性。通过分析这批账号的订单地址和订单手机号对应关系的历史数据，发现这些订单地址和订单手机号在平台早期的活动信息中有多次出现。并且这批账号的登录信息也具有大量重叠的表现，如登录时间接近。"薅羊毛"欺诈团伙账号历史

活动关联如图 12.5 所示。

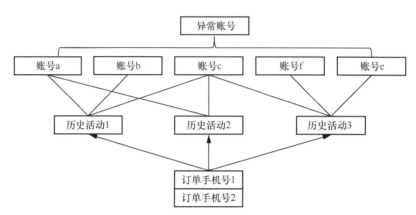

图 12.5 "薅羊毛"欺诈团伙账号历史活动关联

4. 通过更多维度数据来举证异常信息

从更源头的请求数据角度来分析，在准备秒杀环节，该账号基于相同 API，通过构造大量非常相似参数请求链接发包，如图 12.6 所示。

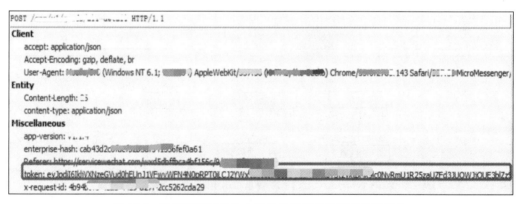

图 12.6 黑灰产通过构造大量非常相似参数请求链接发包

5. 总结分析过程的方法论

通过分析参与欺诈的平台账号、手机号、设备、IP 和地址等基础数据，以及追溯从账号注册、登录和养号活动的历史行为，可以得到知识情报的方法论。通过情报挖掘生成的情报种类如图 12.7 所示。

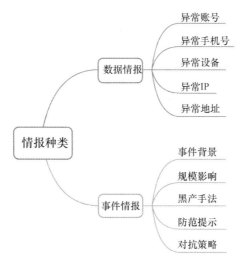

图 12.7　通过情报挖掘生成的情报种类

12.1.2　水军刷评论情报

刷评论是平台 UGC 中常见的刷量行为，是指水军通过在内容平台大量刷虚假评论来帮宣传方提升热度，从而为宣传方相关资源带来关注度。黑灰产大量营销账号的干扰，极大地影响了内容平台质量和内容的导向，并且存在极高的舆论风险。下文通过实际案例，来阐述刷评论团伙的情报挖掘过程。

1．圈定有异常评论的产品或文章

平台运营监控发现某内容提供者的数据产生异常，从更新内容时刻起产生评论峰值，然后恢复平稳一段时间，某时刻开始突然在短时间窗口内出现大量评论。正常评论和异常评论热度指标的变化趋势如图 12.8 所示，图 12.8a 展示了正常评论热度变化趋势，图 12.8b 展示了监测到异常数据时的热度变化趋势。

2．通过内容扩散更多的账号

通过监控定位到产生异常评论的内容，经过文本内容分析后，圈定疑似无意义重复统一话术的账号。然后对这些评论账号分析，发现这些评论账号不仅评论时间集中，而且对应 IP、设备和地域信息都有异常，可初步判定为黑灰产群控的机器评论，异常评论对应账号—IP—设备关系如图 12.9 所示。

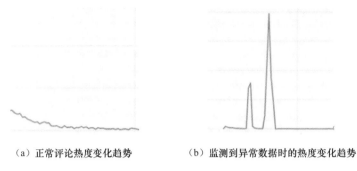

（a）正常评论热度变化趋势　　　　　　（b）监测到异常数据时的热度变化趋势

图 12.8　正常评论和异常评论热度指标的变化趋势

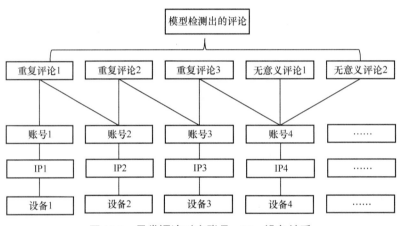

图 12.9　异常评论对应账号—IP—设备关系

3．再次通过可疑账号扩散分析

对有社交属性的内容平台来说，从账号聚集属性发现，可疑账号与某些其他账号有互动，且有层级交互和 IP 聚集现象，并且带有团伙组织特征。通过分析扩散的账号发现，有明显的黑灰产团伙刷量组织，再通过组织和外部交互挖掘出团伙分工，也附带挖掘出刷量产业链，刷评论产业链挖掘链条如图 12.10 所示。

4．黑灰产总结分析过程的方法论

对于刷评论内容的情报，从流量分析层面的维度来看，最终是回归到 IP、设备、账号和行为等，可以从通用的团伙情报挖掘方法论上先做事前的情报监控，再通过事中部分评论内容来强化感知，最终优化对抗策略。

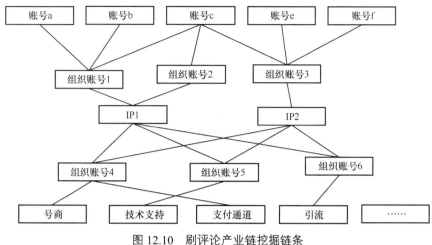

图 12.10 刷评论产业链挖掘链条

12.2 黑灰产行为模式情报挖掘

12.1 节介绍的黑灰产团伙情报挖掘，更多的思路是从聚集到扩散，再到聚集的团伙角度出发，试图从更全的层面尽早感知大规模的流量欺诈。伴随着黑灰产高成本的对抗运营，例如一个设备只登录一个或两个账号，即设备和账号等聚集不明显，此时可以从账号的行为出发来挖掘黑灰产聚集行为。

第 7 章已经详细介绍了行为序列的原理，本节将以案例形式介绍行为序列模型在情报挖掘中的应用。

12.2.1 短视频平台养号

黑灰产养号的目的是用非正当方法给自有账号或他人账号刷粉、刷赞和刷流量等，充分利用短视频平台的账号权重规则来增强目标账号权重，或批量构建营销号，从而达到账号出售的目的。最终对短视频平台生态健康和内容质量带来影响，极大程度地影响用户体验。

黑灰产某批量养号软件如图 12.11 所示。通过工具批量伪造设备、切换账号，然后伪装成正常用户进行点击、转发和收藏等操作。虽然批量的养号行为可以绕开 IP、设备、账号等团伙聚集属性，但是绕不开养号行为属性，也就是养号的操作序列，所以下文通过行为序列模型来发现存在养号行为的账号。

图 12.11　黑灰产某批量养号软件

在短视频平台系统中，通过埋点可以上报平台用户的多种操作 ID，例如包含登录、修改信息、转发作品、发布作品和点赞评论关注等内容。通过生成时间序列，可以观测到时间序列具有明显差异性；而正常用户操作一般具有很大随机性，而黑灰产批量的操作行为容易在时间维度上呈现不同账号的操作行为相似，对比二者的时间序列可以明显看到差异，正常用户账号和黑灰产账号的行为序列对比如图 12.12 所示。

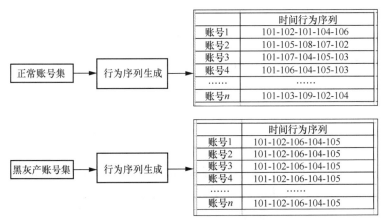

图 12.12　正常用户账号和黑灰产账号的行为序列对比

此外随着黑灰产对抗的演进，黑灰产人员通过设置不同账号间使用多种不同行为序列来模拟真实用户行为，这时候先前的养号时间序列规律就不明显。但是黑灰产批量养号的目的是一样的，例如都要达到点赞 N 个作品 M_1 次，转发 N 个作品 M_2 次，所以对于账号的行为序列，可以从时域转换为频域来进一步挖掘，详细过程可以参考本书第 7 章。下文通过广告点击欺诈的案例，阐述基于频率时序行为模型来发现新的作弊情报。

12.2.2 广告点击欺诈

广告点击欺诈是通过不正当的技术手段对广告进行大量的点击、浏览和互动等操作，这些操作通常都是虚假的，并非真实用户的意愿。通常来说，从广告曝光到受众用户点击，意味投放沿着预设的定向流程匹配成功，当用户触达广告页面时，会有多种可能的行为产生。其中触达核心操作才算是真正的触达，才会计算单次点击成本（CPC），如点击头像、点击昵称、点击图像、点赞或评论等。

某平台监控到投放的某广告的点击消耗超出预期，并且消耗时间也和预期时间窗口不符。通过数据分析发现，整体点击操作分布异于正常分布，同时通过热图对曝光用户集进行追踪发现，用户对广告的点击、浏览和停留分布都较分散。基于广告点击异常监测圈定账号集如图 12.13 所示，可以初步判断存在广告点击欺诈行为，然后通过统计分析可圈定一批可疑的点击广告账号集合。

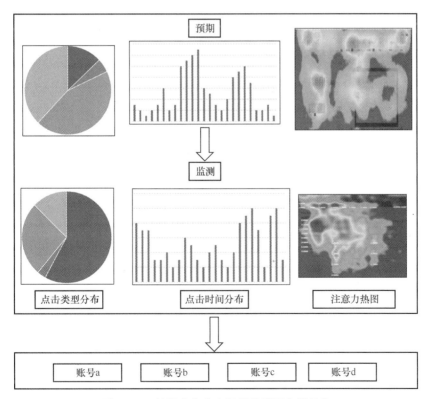

图 12.13　基于广告点击异常监测圈定账号集

正常用户和异常用户的点击差异如图 12.14 所示。对于圈定的可疑账号的行为分析，可以在多个维度上发现以下 5 个异常且规律的行为。

- 其点击广告页面的坐标位置极其集中。

- 点击时刻集中在非正常时段。

- 大部分账号点击页面中的元素也比较单一，点击速度非常接近。

- 点击序列异于常见的正常用户行为。

- 点击次数过于频繁。

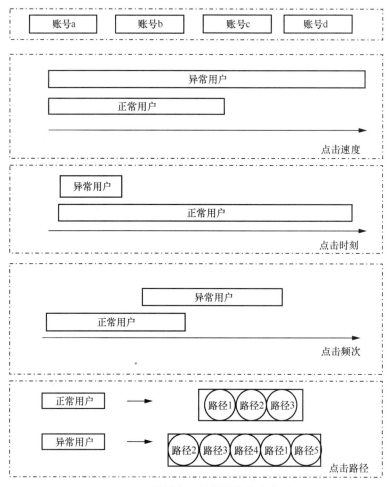

图 12.14　正常用户和异常用户的点击差异

通过进一步分析这些账号其他维度的信息，如 IP 和设备是否有聚集、是否可疑等，可以进一步校验上述的推演过程，最终形成可用于监控的规则并上线。

12.3　黑灰产价格情报挖掘

12.2 节主要是从黑灰产实际作恶的数据维度出发，挖掘团伙和个体的异常流量，并将分析结果作为情报输出。黑灰产行为模式情报挖掘最大的缺点是缺少一些更客观的数据来评估，例如外网舆情对打击效果的反馈、账号买卖价格的趋势和黑灰产最新作弊工具等。这些维度的情报对打击效果的评估更加有说服力，对最新作弊动向的感知更加真实。因此，对于黑灰产产业链的舆情、账号和工具买卖价格的监控，同样非常重要。接下来以账号的价格为例来阐述情报的价值。

在某视频平台付费会员的流量业务场景中，通过对外网资源的定向监控，可以得到业务的账号买卖和租售价格，某视频会员租号舆情和价格信息情报如图 12.15 所示。

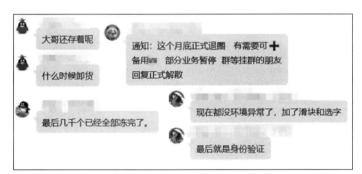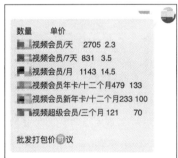

图 12.15　某视频会员租号舆情和价格信息情报

通过持续监控黑灰产租号的价格信息，整理汇总成账号和价格数据，输出价格的变化情报，黑灰产租号价格趋势如图 12.16 所示。通过外网舆情反馈和租号价格的上涨趋势，可以明显发现最近平台的限制规则和打击策略趋严，而且效果显著。假如租号价格没有变化或者下降，可以间接反映出平台的限制和打击策略可能并未起到很好的作用。通过外网实际数据的反馈，再结合自有挖掘数据的整体评估才更有说服力。

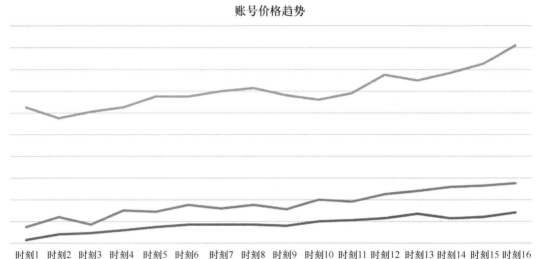

图 12.16　黑灰产租号价格趋势

12.4　小结

本章主要介绍了在异常流量检测场景中知识情报的挖掘与应用。首先通过"薅羊毛"和水军刷评论的案例,讲解黑灰产团伙情报挖掘的过程;然后通过短视频平台养号和广告点击欺诈,讲解黑灰产行为模式情报挖掘的过程;最后通过黑灰产舆情和价格体系的监控案例,展示更为客观和真实的情报数据。当然除了这几类情报挖掘,结合具体的业务问题和对抗案例,会有更多维度的情报可以进行挖掘和应用。对整个流量反欺诈对抗体系来说,情报系统不仅是感知安全事件和发现线索的重要手段,而且也是对抗效果评估的重要指标。